李宜融 頂尖風味

吐司麵包｜全書

THE BEST FLAVOR TOAST

在地食材的究極美味　滿載誠意與感動的台味魅力

李宜融——著

Commend

宜融是一位對麵包極富熱忱與專業的師傅，在業界頗受大家認同，其創新、執著、專業的職人精神，讓宜融師傅對於烘焙麵包的熱情發揮的淋漓盡致，因而邀請他加入美商維益公司擔任烘焙技師。在公司各場大大小小講習會他與業者進行烘焙技術交流時，對麵包的投入程度、活潑饒富趣味的教學方式以及樂於分享經驗與技術的態度，總是獲得客戶的好評。宜融師傅也屢次派往香港等地區協助公司做烘焙產品推廣，進而把台灣的麵包烘焙技術發揚至海外國際市場。

本書出刊在即，我衷心地祝福宜融師傅，因為他的努力與執著得以透過本書與各位交流。同時，我相信這本精彩的作品將會對於喜歡麵包、烘焙與創新的讀者帶來驚喜與益處。

理奇食品公司台灣香港菲律賓緬甸 總經理

民以食為天我們沒有忘，在食安問題層出不窮的情況下，我們開始注意飲食的品質與來源，使用在地特有的食材等嚴選材料，傳承真正的食物美味者就扮演了重要的角色，李師傅腳踏「食」地，用心了解食材與土地的故事，善用產地的好食材為初衷，製作出更加好的產品，並透過支持堅持土地友善的農友與理念相同的夥伴顧客串聯並形成一個正向的生態，期待與土地、農民、消費者共生共好。非常感謝李師傅一路用心創新與支持在地農作，將最好的留給眾人分享，也讓我們不斷自我提升與成長，彼此一起努力！

此書字不在多，用心出銘；文不在深，一看就行，開啟這本書讓您看見真食物和美味烘焙美好相遇，《李宜融 頂尖風味吐司麵包全書》這本值得推薦的好書與您分享。

川永有機農場 場長

深夜十一點多，教室裡，鋼盆中拌好的法國老麵種默默發酵；爐上煮來浸泡橙片用的糖水微微翻騰；蛋液已被均勻地打成近似水狀，等待著與其他材料結合；師傅專注著將洗好的香橙切成片狀，分毫不差地，厚薄一致地，讓片片金黃靜靜徜徉在暖暖糖水中。每份配方上總是清楚記寫著食材的比例，精算著約0.02-0.05的耗損，不做多餘的浪費；詳實的步驟與精準的克數；配上四個計時器，分別為每一種產品，每一道手續紀錄。一絲不苟、嚴謹仔細的職人精神，這就是我所認識的李宜融師傅。

每個月總期待著老師到來！還記得第一口嚐到似蛋糕般柔軟的巧克力吐司；還記得濃厚奶蛋香與蜜漬橙片相呼應的協調；不能忘的是佃煮醬汁與青醬激盪出鹹酥雞般的絕妙好味；少女心噴發，香軟粉嫩不帶土味的甜菜根手撕包；蜂蜜清香的麵團與紫藷餡料完美搭配；桑椹與洛神不期而遇，紫米與桂圓相依相隨，各類食材在師傅手中，看似任意搭配，卻都是經過計算和巧思的美味，華麗而實在，平衡而協調。

李宜融師傅細膩的心、對各類食材的了解與運用，負責認真的態度，都呈現在他的行動與作品中！很高興第一次提出課程邀約，便得到立即的回覆，真的由衷感謝師傅不辭辛勞地願意從台北來到台東進行教學，每個月一次的聚首，學員們總是歡笑連連、收穫滿滿！我相信，閱讀並試做這本書中內容的各位，也能收穫嚐到那精心計算過的美味！

台東暖廚烘焙教室

細數與宜融相識至今也超過30個年頭，從年少求學階段到步入社會，用心及堅持是我對他一直以來的印象，在這充滿食安問題的現今社會中，如何找尋令人安心的食物成為一大難題，加上家庭裡多了小朋友後的食品安全更成為每位父母需要學習的必修課題，宜融巧妙運用天然食材讓平凡麵包變身為充滿多元豐富的療癒美食，每每吃到他的麵包，著實的口感、綿密的層次總是讓人驚艷不已，小朋友吃完臉上洋溢幸福微笑曲線也代表著當父母的安心，更不禁深深佩服著他源源不絕對麵包的創作能量。

花若盛開，蝴蝶自來，你若精彩，天自安排！宜融能夠在現今競爭的烘焙業中佔有一席之地並不意外，相信天道酬勤，秉持著「職人精神」認真做好每一份食物是堅持也是廣大消費者的口福，只要用心即能感受到食物的幸福溫度，給一樣追求天然健康但又不想跟挑剔味蕾妥協的你千萬不要錯過了！

Dr.Wells牙醫連鎖-德科維聯合科技股份有限公司 協理

許芳禎

自從106年4月30日那天接觸老師的麵包課後，便深深慶幸自己能夠在初學麵包時認識宜融老師，撇開老師的幽默風趣不說，真正令我折服的是老師對麵包製作過程的執著與信念，這樣的態度拉高了我對麵包成品的標準，希望製作出來的麵包不僅僅是食物、食品，更是商品的層次。

學習麵包製作僅有1年3個月的時間，對於許多烘焙前輩而言，我是一個到現在還會把吐司烤焦的初學者，除了上課以外，我和許多愛好烘焙的朋友一樣，喜歡收集食譜自學練習。打開《李宜融 頂尖風味吐司麵包全書》仔細研讀，你將親自體會到，這是一本貼心又實用的工具書。

高雄市立新興高中

趙筱屏

Preface

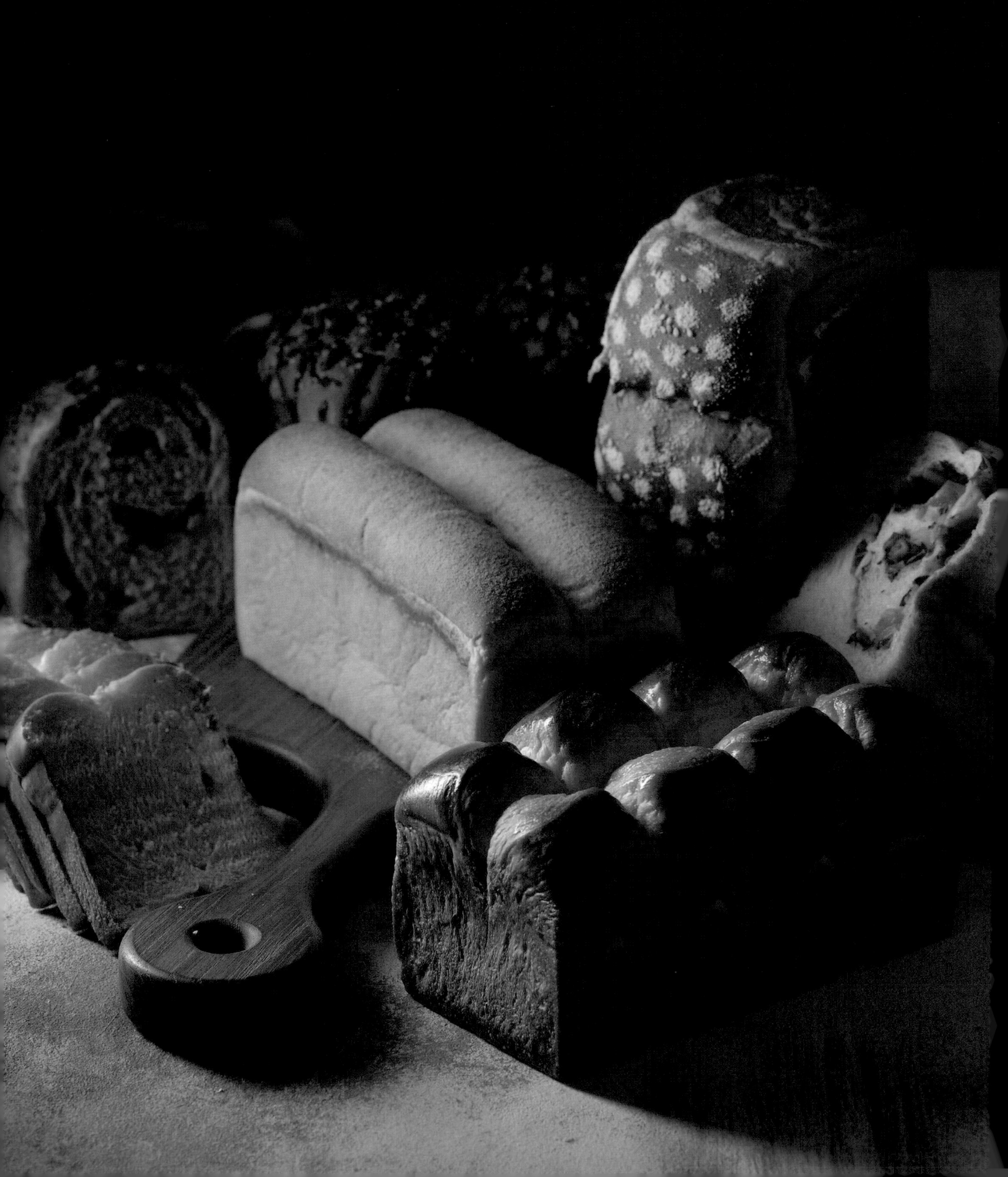

—— 享吃好食物 ——

您是那種，打開食譜書的時候，會越過前面幾頁，直接從目錄產品開始進入到內頁的產品圖片，偶而才會回過頭來翻翻前面那些知名同業的推薦，再翻閱銜接在後作者序的人嗎？

謝謝各位耐心看到這裡。我想跟此時正閱讀這頁的各位說，您們所看到的述說獨白也是這本書的精神所在：很多讀者問我為什麼要把配方的Knowhow也寫進書裡，這樣不就像是把自己勤修苦練的招式精髓公諸於世？然而就我的認知，學習的路上沒有最厲害的功夫，只有不斷進步的功夫——不論是初學階段還是已駕輕就熟的高手，希望走在烘焙夢想路上不同階段的您，在每一次的閱讀與學習中都能有一種又有所獲的驚喜。

食安問題不斷的同時，正提醒我們去思考，如何保留住台灣在地好食材。

我在各地教課的同時也結識不少台灣在地用心的良農，我所認知的他們都非常執著地要將這片膏腴之壤所種植出來的好食物呈現給大家，哪怕有各種因素阻礙，依然努力在執行著良食信念。屏東川永農場徐榮銘場長在30多年前正值台灣檳榔價錢最好的時候，竟冒著被他阿爸打斷腳骨的風險，鼓起勇氣砍掉所有檳榔樹，種起諾麗果樹和台灣原生紅藜麥及桑椹。宜蘭沈高男先生因研究三星蔥有機耕作而負債，但最後也克服了，現在也正在和大家分享他的成功經驗。嘉義梅山林志霖先生堅持手工炒黑糖等，不勝枚舉的用心良農都值得大家支持。

2017年4月20日，我參加了仁瓶利夫師傅的講習會，我問師傅從事麵包職40年是如何做到的？師傅寫了4個字送我：「晴走雨燒」，勉勵我要利用時間努力向上。從事麵包職27年到現在，目前是研發技師並經營工作室的我，體認到製作新產品時除了要使用良好食材外，最重要就是好吃，對人體再好的食物若沒有職人的巧手做出美味的食物，終究無法被廣為接受，這也是讓我對麵包樂此不疲的主因。此書內容為個人在麵包的職旅中的學習經驗，相信每位職人、師傅、老師也都有其獨特的經驗，若我的經驗有實用之處我會很開心，若有更好的經驗也請互相指教成長，萬分感謝。

藉由這次難得機會，首先想感謝「膳書房文化」梁瓊白社長，在3年前給予機會出版麵包書；也因這樣的機遇而有機會在「原水文化」重新出版發行。

再者，這本書能呈現給各位讀者，要感謝理奇食品徐總經理的全力支持；亦師亦友的行銷部陳怡婷經理；徐苑芝小姐1500公里的情義相挺；各大農場的好食物；與一直支持我的您們，接下來還是會持續我的ㄇㄡˋ麵包使命，學習應用良好的物料，學習經營良心的事業，呈現「享吃好食物」給大家。

ㄇㄡˋ麵包

李宜融

Contents

TOAST 1
充分引出原有風味 | 直接法

TOAST 2
兩段發酵風味更加分 | 中種法

TOAST 3
糊化提升保濕柔軟加倍 | 燙麵法

TOAST 4
高水量的活性發酵力量│液種法

TOAST 6
層疊交融的溫潤質地│裹油折疊

TOAST 5
新舊麵團混合的效力│法國老麵

TOAST

本書吐司的特色
特色

麵包的美味，來自於對食材的堅持，
與對麵團恰到好處的揉捏掌控；
味道、口感的最終由品嚐者決定，
口感風味的細節追求，為本書專注窮究的目標。

1 簡單模型烘烤，手撕分享的美味樂趣

經典的四方吐司外觀與吐司邊的形成，都起因吐司烤模使然。書中
儘管只以最常見的吐司模型製作，但是取決不同口感的特色營造，
有著各式的手法成形，因此，即便統稱為吐司，卻非是一成不變的
模樣。多種類、多口感，與外觀造型變化，加上一定的型體特徵，
無論切片、手撕，作為餐桌的主食、解飢填飽、或與人分享的點
心，都是能與人分享、吃得開心的美味。

2 結合在地食材，風味百變的超凡魅力

材料的調配和製作決定了麵包的口感。簡單用料能呈現吐司樸質的
香氣與甜味，若再搭配其他食材，以不同手法揉入配料、包覆內
餡，就有不同的深度滋味。從穀物、雜糧到根莖、蔬果的完美運
用，不只有純穀物香氣的展現，還有奢華口感的有餡詮釋，單吃簡
單美味，若再搭配變化吃法，真的是美味變化無極限。

3 搭配麵種釀酵，各式口感風味應有盡有

配合吐司種類的不同，分別以適合的工法引出該有的風味。從直接
到裹油折疊，結合特色發酵種，法國老麵、液種、魯邦種、湯種
等，藉由長時地發酵，醞釀出獨特的風味香氣；儘管製程費工耗
時，但釀酵成的深厚風味香氣卻充滿迷人魅力，這也是造就麵包豐
饒香氣的美味祕密。

4 學會基本工法，挑戰獨到風味變化

好吃的麵包能讓人感受其中的香氣風味。除了基本作法外，透過配
料、工法的結合運用，就能衍生出各式獨特風味。就算相同的麵
團，改變配料或成型方式，也能變化成風貌截然不同的吐司麵包。
因此，熟悉的掌握基本製作後，大可勇於各式造型、風味的變化嘗
試，做出自屬特色的麵包風味。

尋味**Taiwan**！
深耕在地好滋味

台灣寶島，這塊土地孕育豐富多樣的物產，
有著成片如浪的紅藜、小米，以及在地洛神、鳳梨、芒果等農作…

透過職人深入產地的探訪，
以真情心意為原點，循由在地為美味座標，
結合自製、發酵、情感醞釀、引出美好風味，
成製重新詮釋出帶有濃厚在地氣息的獨到美味…

揉和在地豐饒滋味的美味延續，
帶您體會在地人情物意，品嚐感受「台味」的絕.美.魅.力。

芒果乾／台南・禎果果物
吃得到台南陽光的日曬味道

草莓乾／台南・禎果果物
完整封存草莓果實甘味馨香

地瓜／台南・瓜瓜園
綿密香甜，田園裡的金黃「藷」光

鳳梨乾／台南・禎果果物
封存真實果香原味的甘酸天然

桑椹酒
香甜微果酸香氣典雅微醺

鳳梨酒
純粹果香酸甜平衡滑順香甜

草莓酒
果香酒的香醇結合果香回韻

南瓜／高雄・阿成南瓜
金黃香甜，在長欉紅的土種仔金瓜

三星蔥／宜蘭・沈高男
蔥中極品的三星青蔥好味

番茄／彰化・富良田
良田沃土的茄紅果實鮮美自然

薑母黑糖／嘉義・瑞泰
慢火提煉，深山裡的黑糖磚

蜜漬洛神／台東・麥之田
洛葵糖蜜交融出的酸甜滋味

洛神粉／屏東・川永
萃取自洛神葵花青素

桑椹乾／屏東・川永
補益的上品聖果，黑鑽桑椹

桑椹粉／屏東・川永
保留桑椹豐富營養素

藜麥／屏東・川永
穀物之母，營養滿點藜麥黃金

紅藜粉／屏東・川永
紅藜，穀類中的紅寶石

毛豆／屏東・永昇
揚名國際，在地毛豆的綠金奇蹟

蝶豆花／屏東・川永
漾出藍豆夢幻的青花色澤

紅豆／屏東・萬丹
紅豆之鄉的大地紅寶石

蜂蜜／高雄・佰九
來自大地恩賜的液體黃金

吐司麵包製作的

基本食材

麵包的材料簡單，麵粉、酵母、水、
鹽為麵包製作的4大基本材料，
另外再加上其他添加材料，
則能賦予麵包不同的口感和風味，
若能了解各種材料的作用特性，
就更能享受手作麵包的樂趣。

基 本 材 料

麵粉 FLOUR

麵粉加水搓揉後能讓所含的蛋白質產生軟黏的彈性。其中製作像強韌筋性的吐司麵包，又以蛋白質含量豐富、可產生較多麩質的高筋麵粉最為適合，但依麵包種類的不同，也會有搭配不同麵粉的使用。使用和圖中標示不同種類的麵粉，可能會因蛋白質的含量不同，以致出筋程度有差異。若無法使用相同的麵粉，可就使用的麵粉確認包裝上的蛋白質、灰分含量比，挑選成分最接近的麵粉使用。

※以品牌選購時，可參考蛋白質、灰分的含量。

本書使用的麵粉種類

鳥越法國麵包專用粉
蛋白質11.9%、灰分0.44%

昭和CDC法國麵包專用粉
蛋白質11.3%、灰分0.42%

昭和先鋒高筋麵粉
蛋白質14%、灰分0.42%

高筋麵粉
蛋白質12.6%-13.9%、
灰分0.48%-0.52%

奧本惠法國麵包專用粉
蛋白質11.7%、灰分0.42%

昭和霓虹吐司專用粉
蛋白質11.9%、灰粉0.38%

（中間右側圖片）

低筋麵粉
蛋白質7.5%-8.6%、
灰分0.40%-0.43%

日清哥雷特高筋麵粉
蛋白質12.2%-13.2%、
灰分0.40%-0.46%

台灣小麥風味粉
蛋白質12%-13.5%、灰分0.62以下

日清裸麥全粒粉細挽
蛋白質8.4%、灰分1.50%

水 WATER

麵粉中加入水能揉出麵團及黏性,基本上所使用的是一般用水(建議使用中等程度軟水1公升水含有100－200mg總硬度)。但因一般用水的水溫會隨季節變化而影響麵團的發酵狀態,因此要注意水溫的控制。

酵母 YEAST

讓麵團發酵膨脹的重要材料。酵母的種類依水分含量的多寡,又分為新鮮酵母、速溶乾酵母與乾酵母。適量添加酵母,可助於發酵膨脹,使麵團蓬鬆有彈性,並可提出麵粉風味及加入麵團食材特色。使用的酵母種類和對麵粉比例的多寡足以影響發酵過程、組織結構、風味變化、烤焙膨脹、咀嚼口感,以上因素在設計產品有時都須經測試才能訂出設定比例。

※有高糖、低糖乾酵母的分別,可以糖對麵粉比例用量及發酵時間來使用,對麵粉比例8%以上使用高糖乾酵母;8%以下則使用低糖乾酵母。

鹽 SALT

除了能添加麵團的滋味外,也有助於抑制酵母過度發酵,調節發酵速度,收緊麵團的麩質,讓筋性變得強韌。本書使用具有甘味的岩鹽,也可以選用海鹽或食用精鹽,可製作出不同風味的麵包。

必 備 材 料

糖 SUGAR

可增加甜味以外，還能促進酵母發酵，以及讓麵包的口感變得濕潤。金黃外皮的色澤、香氣也是砂糖高溫加熱後產生的作用。書中若沒特別標示，多半都是使用細砂糖。

麥芽精 MALT EXTRACT

由大麥萃取而成的精華，麥芽精是酵母的主要食物培養基，可活化酵母促進發酵，並有助於烘烤製品的色澤與風味。

蛋 EGG

加入麵團中可讓麵團保有水分，可增進麵團的蓬鬆度、風味香氣。相對於蛋黃的柔軟香濃作用，加入蛋白的則會變得較乾鬆，所以基本上除特別的需要，幾乎都是用全蛋或蛋黃。

奶油 BUTTER

天然奶油可讓麵團更富延展性，能助於烤焙膨脹，也具有乳化作用，可讓完成的麵包質地細緻柔軟；因屬固態油質在攪拌入麵團後完整包覆麵粉所吸收的水分可延緩麵包老化。每樣產品對麵粉添加比例不同而須調整加入麵團的順序和量，才可達到最佳的效果。

片狀奶油 BUTTER SHEET

作為折疊麵團的裹入油使用，可讓麵團容易伸展、整型，使烘焙出的麵包能維持蓬鬆的狀態，不同品牌的片狀奶油各具有不同的風味和溶點，可依造個人產品設定而做選擇。

鮮奶 MILK

香濃醇厚的乳製品，添加於麵團中，可為麵團帶出柔軟地質，也可讓烘烤後的麵包色澤均勻富光澤。

植物性鮮奶油 FRESH CREAM

使用在麵團上成分中乾酪素鈉（牛奶衍生物）可使麵粉中蛋白質結合性更佳，所以可達到麵團保水性及延緩麵包老化有顯著效果。

動物性鮮奶油 FRESH CREAM

乳源富含酪蛋白因此更具天然豐厚乳脂風味。書中若沒特別標示，多半都是使用乳脂肪35%。

特別講究的素材

本書使用的材料，包含各式麵粉以及乳製品皆可在各大烘焙材料專賣店購得。

永柏麵包專用
多功能脂肪抹醬
Avoset All Purpose
Whipped Topping
for Bread

Rich's動物性鮮奶油
Rich's Dairy
Cream 38%

基本製作的
烘焙器具

麵包製作有其必備的工具，
除了烤箱、量秤之外，
若能備齊基本的其他用具，
可讓後續流程製作更加順暢進行。

❶ **烤箱** ｜專用大型烤箱，可設定上下火的溫度，也能注入蒸氣。另外也有氣閥，可在烘焙過程中排出蒸氣，調節溫度。

❷ **攪拌機** ｜本書使用的是直立式攪拌機，建議搭配漿狀攪拌器攪拌；相較於勾狀攪拌器的甩拌，漿狀可更平均完成攪拌，讓攪拌時間和筋度形成、麵團終溫趨於穩定平衡狀況；而勾狀攪拌器的甩拌，則易使麵團的溫度因與攪拌缸的摩擦面積和次數增加而升高溫度，如此麵團終溫也較不易控制。

❸ **發酵箱** ｜可設定適合麵團發酵的溫度及濕度條件；配合各種不同的麵團類型設定其溫度與濕度。

❹ **電子磅秤** ｜可精準測量材料的重量，以能量測至1g單位的電子秤較佳。

❺ **攪拌盆** ｜混合材料或發酵，以及隔水加熱時常用的容器，最常使用不鏽鋼材質。

❻ **擀麵棍** ｜擀壓延展麵團或釋放氣體、整型操作使用。可配合用途選擇適合的大小。

模型共通原則｜本書中所使用的吐司模皆為鐵氟龍加工製品，皆有防沾特性，除非有特別標示處理，否則不需再噴烤盤油。模具使用烤盤油易殘留油漬，長年累積會使烤出的麵包帶有油耗味。

❼ **切麵刀、刮板**｜用以切拌混合、整理分割，或充當刮匙將沾黏檯面上的麵團刮起整合使用。

❽ **PH酸鹼度計**｜用來量測麵團、酵母的酸鹼度，如本書中的魯邦種。

❾ **發酵帆布**｜在鬆弛和最後發酵時使用，可避免麵團互相沾黏變形、乾燥。

❿ **烤焙布**｜適合高溫烘烤的專用烘烤布，可避免麵團沾黏或烤焦。清洗後可重複使用。

⓫ **橡皮刮刀**｜攪拌混合，或刮取殘留容器內的材料減少損耗，以彈性高、耐熱性佳的材質較好。

⓬ **網篩**｜過篩顆粒雜質、篩勻粉末。小尺寸的濾網可用於最後表面的篩灑裝飾。

⓭ **割紋刀**｜割劃表面刀紋的專用刀。薄且銳利可刻劃出漂亮的割痕。

⓮ **鋸齒刀**｜刀面呈鋸齒狀的專用刀，適合用來切製麵包，會比較好操作，切得較漂亮。一般刀子易損傷麵包的質地。

⓯ **擠花袋、擠花嘴**｜擠花袋需與花嘴併用，可用在擠製麵糊，或填擠內餡。

⓰ **噴霧器**｜在麵團表面噴上細霧狀的水，可防止麵團的過度乾燥。

⓱ **塑膠袋**｜調整溫度時可將麵團放入，或覆蓋在麵團上防止水分的流失乾燥。

⓲ **毛刷**｜可用來沾取蛋液塗刷麵團表面。

⓳ **溫度計**｜溫度的控制相當重要，測量水溫、煮醬溫度，以及麵團揉和、靜置發酵的溫度等，有溫度計方便準確掌控。

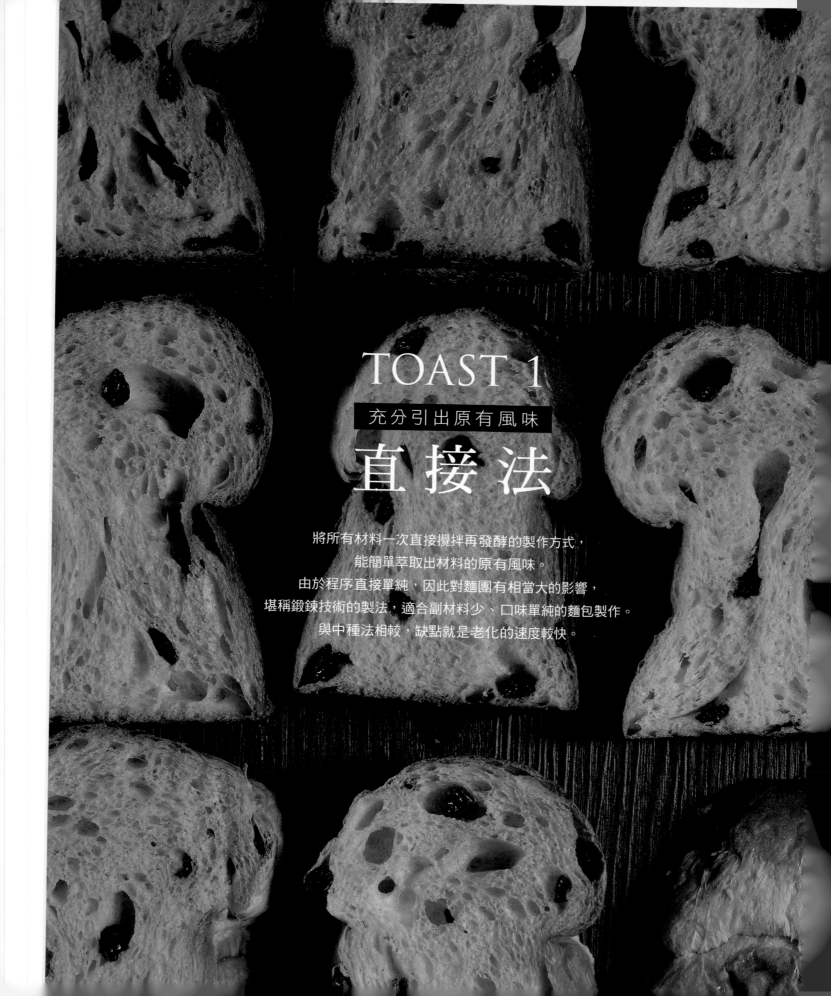

TOAST 1

充分引出原有風味

直 接 法

將所有材料一次直接攪拌再發酵的製作方式，
能簡單萃取出材料的原有風味。
由於程序直接單純，因此對麵團有相當大的影響，
堪稱鍛鍊技術的製法，適合副材料少、口味單純的麵包製作。
與中種法相較，缺點就是老化的速度較快。

A

檸檬菌液

材料	份量	配方
礦泉水（28℃）	118g	59%
細砂糖	7g	3.5%
蜂蜜	7g	3.5%
檸檬片	68g	34%
合計	200g	100%

作法

1

礦泉水、細砂糖、蜂蜜攪拌融解，加入檸檬片混合。

2

密封、蓋緊瓶蓋，放置室溫（約28-30℃）靜置發酵。

3

每天輕搖晃瓶子先加以混合，再打開瓶蓋（釋出瓶內的氣體），接著再蓋緊放置室溫發酵，重複操作約5-7天。

發酵過程狀態

4

發酵第1天。

5

第2天。

6

第3天。

7

第4~5天。

8

第6天。重複操作約5-7天後，檸檬片因吸水膨脹會往上浮起，表面會冒出許多小泡泡，帶有水果酒般的發酵香氣。

9

第7天。完成檸檬菌液！用網篩濾壓檸檬片，將檸檬菌液濾取出即可使用。（其餘密封好冷藏約可放1個月）

A1

檸檬酵種

材料	份量	配方
鳥越法國麵包專用粉	123g	30%
麥芽精	0.8g	0.2%
檸檬菌液	86g	21%
合計	209.8g	51.2%

作法

❶ 將所有材料慢速攪拌至拾起階段。

❷ 再轉至中速攪拌至麵團光滑狀（攪拌終溫28℃）。

❸ 室溫發酵180分鐘，再低溫冷藏（5℃）發酵16-24小時。

B

魯邦種

Day1

材料	份量
裸麥粉	50g
飲用水（40℃）	60g
麥芽精	2g
合計	112g

作法

1

水、麥芽精先融解均勻，加入裸麥粉攪拌至無粉粒，待表面平滑，覆蓋保鮮膜，在室溫（25-30℃／濕度60-70%）靜置發酵24小時（第1天培養成發酵液種）。

Day1

Day2

材料	份量
第1天發酵液種	110g
高筋麵粉	110g
飲用水（40℃）	110g
合計	330g

作法

1

第1天發酵液種，加入其他材料混合攪拌均勻。

2

待表面平滑，覆蓋保鮮膜，在室溫（25-30℃／濕度60-70%）靜置發酵24小時（第2天培養成發酵液種）。

Day2

Day3

材料	份量
第2天發酵液種	330g
高筋麵粉	330g
飲用水（40℃）	330g
合計	990g

作法

1

第2天發酵液種，加入其他材料混合攪拌均勻。

2

待表面平滑，覆蓋保鮮膜，在室溫（25-30℃／濕度60-70%）靜置發酵24小時（第3天培養成發酵液種）。

Day3

Day4

材料	份量
第3天發酵液種	990g
高筋麵粉	990g
飲用水（40℃）	990g
合計	2970g

Day5

材料	份量
第4天發酵液種	200g
法國麵包專用粉	400g
飲用水（35℃）	460g
麥芽精	1g
合計	1061g

* 第5天即可開始使用。

* 若量用不多，可利用下列配方持
　續以每2天續養一次。

作法

1

第3天發酵液種，加入其他材
料混合攪拌均勻。

2

待表面平滑，覆蓋保鮮膜，
在室溫（25-30℃／濕度60-
70％）靜置發酵8小時，再
移置常溫冰箱（15℃）靜置
發酵16小時，即完成魯邦初
種。隔天即可使用、並續種
（第4天培養成魯邦種）。

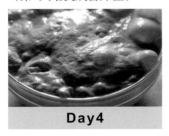

Day4

作法

1

第4天發酵液種。

加入其他材料混合拌勻。

2

待表面平滑，覆蓋保鮮膜，
在室溫（25-30℃／濕度60-
70％）靜置發酵4小時，移置
常溫冰箱（15℃）靜置發酵
20小時。

3

Day5

此後每2天持續此工序的續種
操作。

TIPS

建議使用酸鹼測試器筆精準
測量酸鹼值維持在pH3.8-
pH4.2之間，為乳酸菌最適
合的生成環境。

作法

預備作業

1

吐司模型SN2151。（與書中
SN2150的容積大小相同）

酒漬葡萄乾

2

將葡萄乾加入酒浸泡，每天
在固定時間翻動，連續約3天
後再使用。

攪拌麵團

3

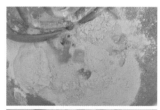

延展麵團確認狀態

將所有材料🅐（水量預留
10%）慢速攪拌至5-6分筋。

4

拾起階段

延展麵團確認狀態

加入水攪拌至液態糊化再分
次加入水，攪拌混合至拾起
階段。

5

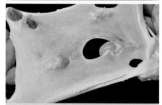

延展麵團確認狀態

轉中速攪拌至光滑、麵筋形
成（約8分筋），加入奶油慢
速攪拌至完全擴展（攪拌終
溫26℃）。

6

麵團延展整成四方形，在
一側處鋪放酒漬葡萄乾
（160g），再將另一側朝中
間折入，對切成半、疊放中
間，再對切、疊放中間，重
複動作翻拌均勻。

7

整理整合麵團。

TIPS

麵團粉重3kg以上者果乾直接攪拌;若少於3kg少量者可用切拌的方式混合,較不會攪碎。

基本發酵、翻麵排氣

8

麵團整理至表面光滑並揉整成球狀,基本發酵約60分鐘,倒扣出麵團使其自然落下。

9

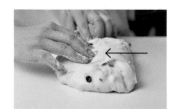

由左右側朝中間折疊。

10

再由內側朝外折疊,平整排氣,繼續發酵約30分鐘。

TIPS

使麵團厚度均勻,發酵的程度就會較容易一致。

分割、中間發酵

11

麵團分割成300g,麵團輕拍排出空氣。

12

將麵團往底部確實收合滾圓,中間發酵約30分鐘。

整型、最後發酵

13

輕撥動取出

輕撥動取出烤盤中的麵團,將麵團對折折疊收合於底。

14

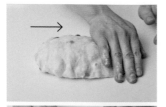

輕拍壓排出空氣，按壓延展底部邊端，由內側朝中間折入1/3並以手指朝內側按壓。

15

再由外側朝中間折入1/3並以手指朝內側按壓。

16

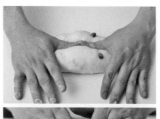

按壓接合口處，再由內側朝外側對折，按壓收口確實黏合。

17

收合口處確實密合

搓揉兩端輕整成橄欖狀，底部收口確實密合。

18

收口朝下放入模型中，最後發酵約60分鐘，表面塗刷蛋液。

烘烤、組合

19

放入烤箱，以上火170℃／下火240℃，烤約15分鐘，轉向再烤約5-7分鐘，出爐、脫模。

TIPS

出爐後連同烤模重敲，震敲出麵包中的空氣，使內部水蒸氣釋出，再脫模移至冷卻架上散熱放涼，可避免吐司側面往內凹陷（縮腰）。

蜂蜜蒔麥方磚

Honey Oat Bread

蜂蜜蒔麥方磚

Honey Oat Bread

基本工序

▼ **前置作業**
　燕麥片加水浸泡軟化。

▼ **攪拌麵團**
　材料Ⓐ慢速攪拌，中速攪拌至8分筋，
　加入奶油中速攪拌，加入燕麥拌勻，終溫26℃。

▼ **基本發酵**
　60分鐘，壓平排氣、翻麵30分鐘。

▼ **分割**
　麵團115g。

▼ **中間發酵**
　30分鐘。

▼ **整型**
　折疊收合，放入模型。

▼ **最後發酵**
　50分鐘。

▼ **烘烤**
　入爐烤12分鐘（210℃／200℃），轉向，烤5-8分
　鐘。

材料（6條份量）

麵團		份量	配方
A	台灣小麥風味粉	300g	100%
	鹽	6g	2%
	奶粉	9g	3%
	蛋	15g	5%
	魯邦種→P28	45g	15%
	低糖乾酵母	3g	1%
	水	171g	57%
	龍眼蜜	75g	25%
B	無鹽奶油	21g	7%
C	燕麥片	45g	15%
	水	54g	18%
合計		744g	248%

配方展現的概念

＊ 燕麥片需先泡水隔夜軟化，避免加
　入麵團中吸附其組織水分。
＊ 魯邦種與吸足水分的燕麥片同時在
　攪拌末段時加入，可使麵團在糊化
　後的吸收性更好。

作法

預備作業

1

吐司模型SN2180，帶蓋。

攪拌麵團

2

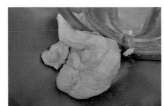

燕麥片加水浸泡軟化約12-18小時。將所有材料Ⓐ（蜂蜜外）慢速攪拌混合。

3

延展麵團確認狀態

攪拌至拾起階段。

4

延展麵團確認狀態

轉中速攪拌至光滑、麵筋形成（約8分筋），分二次加入蜂蜜攪拌融合

5

加入奶油、泡軟燕麥片慢速攪拌至完全擴展（攪拌終溫26℃）。

基本發酵、翻麵排氣

6 麵團整理至表面光滑並整揉成球狀，基本發酵60分鐘，輕拍壓排出氣體，做3折2次翻麵，繼續發酵30分鐘。

> **TIPS**
>
> 麵團壓平排氣作業，請參考P22步驟。

分割、中間發酵

7 麵團分割成115g，將麵團往底部確實收合滾圓，中間發酵約30分鐘。

整型、最後發酵

8

將麵團捏緊收合，沾少許手粉。

9

輕拍排氣，由內側向前對折，捏緊收合成圓球狀，輕滾圓整型，收口朝下放入模型中，最後發酵約50分鐘，至9分滿。

> **TIPS**
>
> 使用魯邦種的麵團，給予長時的發酵、熟成更添風味。

烘烤、組合

10 放入烤箱，以上火210℃／下火200℃，烤約12分鐘，轉向烤約5-8分鐘，出爐，脫模。

南 瓜 軟 心 乳 酪
PUMPKIN CREAM CHEESE BREAD

材料 （3條份量）

麵團		份量	配方
A	昭和先鋒高筋麵粉	370g	100%
	細砂糖	45g	12%
	鹽	6g	1.6%
	奶粉	9g	2.5%
	蛋	45g	12%
	動物性鮮奶油	19g	5%
	南瓜餡→P24	124g	33.5%
	高糖乾酵母	4g	1%
	水	115g	31%
B	無鹽奶油	37g	10%
合計		774g	208.6%

內層用（每條）

烤熟南瓜片	9-12片
南瓜內餡→P41	

表面用

南瓜籽	適量
蛋液	適量

配方展現的概念

* 南瓜隨著品種和季節性不同，會影響其含水量，所以拌煮好的南瓜餡加入麵團後須視麵團實際的軟硬度做水量±5%內的調整。

* 根莖類食材高纖，建議可使用特高筋麵粉配比，增加其烤焙膨脹力；斷口性要好的話則可選用一般高筋麵粉。

基本工序

▼ **南瓜內餡**
烤熟南瓜搗成泥狀加入其他材料拌勻。

▼ **攪拌麵團**
材料Ⓐ慢速攪拌，中速攪拌至8分筋，加入奶油中速攪拌，終溫27℃。

▼ **基本發酵**
40分鐘，壓平排氣、翻麵30分鐘。

▼ **分割**
麵團240g（80g×3）。

▼ **中間發酵**
30分鐘。

▼ **整型**
第一次擀開鋪放上熟南瓜片，
第二次擀開捲上丹麥鋁合金管，放入模型。

▼ **最後發酵**
80分鐘。刷蛋液，中間劃刀，撒上南瓜子。

▼ **烘烤**
入爐烤15分鐘（170℃／240℃），轉向，烤8-10分鐘，冷卻，脫管模，擠入南瓜內餡，篩灑糖粉。

作法

預備作業

1

丹麥鋁合金管SN42124、吐司模型SN2151。

攪拌麵團

2

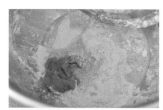

延展麵團確認狀態

將所有材料Ⓐ慢速攪拌混合至拾起階段，轉中速攪拌至光滑、麵筋形成（約8分筋）。

3

延展麵團確認狀態

加入奶油慢速攪拌至完全擴展（攪拌終溫27℃）。

基本發酵、翻麵排氣

4

麵團整理至表面光滑並按壓至厚度平均，基本發酵約40分鐘。將麵團取出至檯面上，輕拍壓排出氣體。

5

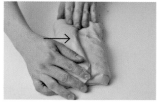

由左右側朝中間折疊。

6

再由內側朝外折疊，平整排氣，繼續發酵約30分鐘。

分割、中間發酵

7 麵團分割成240（80g×3），將麵團往底部確實收合滾圓，中間發酵約30分鐘。

整型、最後發酵

8

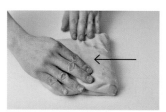
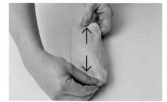

將麵團輕滾收合，輕拍稍延展拉長。

9

擀壓成長片狀，翻面，轉向，橫向放置。

10
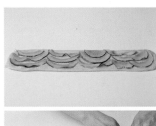

表面鋪放烤熟南瓜片，由前端外側朝中間按壓，捲起至底，收合捏緊接合處，搓揉均勻細長狀。

11

將麵團一端貼捲在鋁合圓管上。

12

收合於底部

沿著模型緊貼纏繞捲起至底，收口於底部。

13
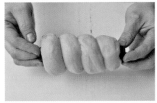

收口朝下放入模型中，最後發酵約80分鐘，表面塗刷蛋液，撒上南瓜子。

烘烤、組合

14

放入烤箱，以上火170℃／下火240℃，烤約15分鐘，轉向烤約8-10分鐘，出爐，脫模。待冷卻，脫取下管模，中間處擠入南瓜內餡即可。

── 風味內餡 ──

南瓜內餡

材料	份量	配方
南瓜（烤熟）	202g	80.65%
動物性鮮奶油	12g	4.84%
奶油乳酪	10g	4.03%
蛋	8g	3.32%
細砂糖	18g	7.25%
合計	250g	100%

作法

① 南瓜片蒸熟或烤熟。
② 鮮奶油、奶油乳酪隔水加熱融化。
③ 加入其他材料混合拌勻即可。

藜麥德腸香蒜

RED QUINOA BREAD

材料 （3條份量）

麵團

		份量	配方
A	昭和先鋒高筋麵粉	259g	70%
	昭和霓虹吐司專用粉	111g	30%
	細砂糖	37g	10%
	鹽	7g	1.8%
	奶粉	11g	3%
	蛋	19g	5%
	動物性鮮奶油	37g	10%
	高糖乾酵母	4g	1%
	水	200g	54%
B	無鹽奶油	37g	10%
	紅藜（煮熟）	56g	15%
合計		778g	209.8%

內餡用 （每條）

A	德式香腸	50g
	起司粉	5g
B	紅皮馬鈴薯	8片
	披薩絲	20g
	美乃滋→P25	

表面用

大蒜醬→P45

配方展現的概念

* 使用台灣原生紅藜，具有高膳食纖維及優質蛋白質，搭配原塊培根、紅皮馬鈴薯調理，美味又兼具健康，滿足味蕾口慾。
* 紅藜和奶油在9分筋度時一起加入至麵團中攪拌，可讓紅藜完整保留顆粒狀維持口感，並不易破壞麵團組織。

基本工序

▼ 大蒜醬
巴西利加入少許橄欖油攪打細碎，再加入其他材料拌勻。

▼ 攪拌麵團
材料Ⓐ慢速攪拌，中速攪拌至8分筋，
加入奶油中速攪拌，加入紅藜拌勻，終溫26℃。

▼ 基本發酵
40分鐘，壓平排氣、翻麵30分鐘。

▼ 分割
麵團240g。

▼ 中間發酵
30分鐘。

▼ 整型
擀長，鋪放德式香腸、起司粉，捲起。

▼ 最後發酵
70分鐘。
中間劃開，鋪放馬鈴薯片，擠上美乃滋、披薩絲。

▼ 烘烤
入爐烤15分鐘（170℃／230℃），轉向，烤8-10分鐘。刷上大蒜醬。

作法

預備作業

1

吐司模型SN2151。

攪拌麵團

2

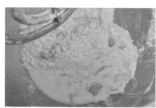

延展麵團確認狀態

高糖酵母、水攪拌融解（1：5），與所有材料Ⓐ慢速攪拌混合至拾起階段，轉中速攪拌至光滑、麵筋形成（約8分筋）。

3

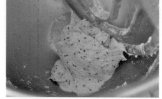

延展麵團確認狀態

加入奶油慢速攪拌至完全擴展，加入煮熟紅藜混合拌勻（攪拌終溫26℃）。

基本發酵、翻麵排氣

4

麵團整理至表面光滑並按壓至厚度平均，基本發酵約40分鐘。將麵團取出至檯面上，輕拍壓排出氣體。

5

由左右側朝中間折疊，再由內側朝外連續翻折，平整排氣，繼續發酵約30分鐘。

分割、中間發酵

6

麵團分割成240g，將麵團往底部確實收合滾圓，中間發酵約30分鐘。

整型、最後發酵

7

將麵團捏緊收合邊緣，轉向，縱向放置，擀壓成長片狀（寬10×長35cm），翻面，按壓開底部邊端。

8

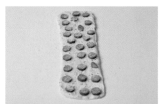

等間隔鋪放上德式香腸片（50g）、撒上起司粉（5g）。由前端外側朝中間捲起至底，收合捏緊接合處。

9

將麵團收口朝下放入模型中，最後發酵約70分鐘。

10

在表面中間剪出深及內餡的直線刀口，將美乃滋以呈S線狀的方式擠上表面（20g），層疊鋪放紅皮馬鈴薯片（8片），撒上披薩絲（20g）。

烘烤、組合

11

放入烤箱，以上火170℃／下火230℃，烤約15分鐘，轉向烤約8-10分鐘，出爐、脫模，趁熱立即薄刷上大蒜醬。

──── 風味用醬 ────

大蒜醬

材料	份量	配方
無鹽奶油	146g	72.8%
鹽	2g	0.77%
蒜泥	35g	17.62%
巴西利（打碎）	18g	8.81%
合計	201g	100%

作法

① 奶油放置室溫軟化，其他材料放置室溫回復常溫。
② 巴西利加入橄欖油（可攪動的份量即可）攪拌打細碎，加入其他材料混合拌勻即可。

就 醬 花 生
PEANUT BUTTER BREAD

材料 （3條份量）

麵團		份量	配方
A	昭和霓虹吐司專用粉	390g	100%
	細砂糖	39g	10%
	鹽	7g	1.8%
	蛋	20g	5%
	動物性鮮奶油	39g	10%
	魯邦種→P28	39g	10%
	高糖乾酵母	5g	1.2%
	水	203g	52%
B	無鹽奶油	27g	7%
合計		769g	197%

花生餡	份量	配方
顆粒花生醬	241g	68.97%
花生角（烤過）	36g	10.34%
花生粉	73g	20.69%
合計	350g	100%

配方展現的概念

＊ 花生醬的濃郁搭配霓虹吐司粉潔淨風味能單獨突顯
花生香氣風味。

＊ 利用鮮乳脂加入麵團更能充分提升花生風味。

基本工序

▼ **花生醬**
所有材料攪拌均勻。

▼ **攪拌麵團**
材料**A**慢速攪拌，中速攪拌至8分筋，
加入奶油中速攪拌，終溫28℃。

▼ **基本發酵**
60分鐘。

▼ **分割**
麵團240g。

▼ **中間發酵**
30分鐘。

▼ **整型**
擀長，抹上花生餡，折疊1/3、抹上花生餡，折疊，
冷凍30分鐘，劃刀，編辮，放入模型。

▼ **最後發酵**
90分鐘。刷蛋液。

▼ **烘烤**
入爐烤15分鐘（170℃／230℃），轉向，烤8-10分
鐘。

作法

預備作業

1

吐司模型SN2151。

花生餡

2

將所有材料攪拌混合均勻。

攪拌麵團

3
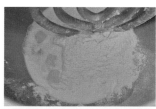
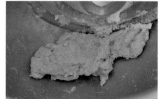
將魯邦種、其他所有材料Ⓐ
慢速攪拌混合至拾起階段。

4
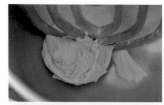

延展麵團確認狀態

轉中速攪拌至光滑、麵筋形
成（約8分筋）。

5

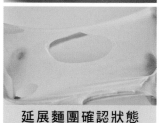

延展麵團確認狀態

加入奶油慢速攪拌至完全擴
展（攪拌終溫28℃）。

基本發酵

6

麵團整理至表面光滑並按壓
至厚度平均，基本發酵約60
分鐘。

分割、中間發酵

7

麵團分割成240g，輕拍壓，
由前端往底部捲起整型，中
間發酵約30分鐘。

整型、最後發酵

8

將麵團輕拍，擀壓成片狀，
翻面，按壓延展開四邊端。

9

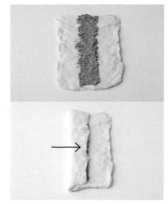

將麵團劃分成3區塊，在中間區塊處抹上花生餡（50g），再將1/3外側的麵團朝中間折疊。

10

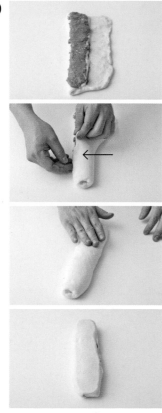

在折疊的麵團表面抹上花生餡（50g），再將1/3外側的麵團朝中間包覆收合於底、輕拍壓，冷凍約30分鐘。

11

預留頂端不切斷

斷面切口朝上

由麵團前端下切劃直線刀口至底，以斷面朝上、左右交叉的編辮方式，編結收口於底。

12

按壓兩端整型

稍按壓兩端整型，放入模型中，最後發酵約90分鐘，塗刷蛋液。

TIPS

使用魯邦種的麵團，給予長時的發酵、熟成，更添風味。

烘烤、組合

13

放入烤箱，以上火170℃／下火230℃，烤約15分鐘，轉向烤約8-10分鐘，出爐，脫模。

歐蕾咖啡核果

LATTE WALNUT BREAD

材料 （3條份量）

麵團		份量	配方
A	台灣小麥風味粉	360g	100%
	細砂糖	29g	8%
	鹽	7g	2%
	蛋	36g	10%
	咖啡水	159g	44%
	低糖乾酵母	4g	1%
	水	47g	13%
B	無鹽奶油	18g	5%
	咖啡渣	4g	1.2%
	核桃（烤過）	108g	30%
合計		772g	214.2%

咖啡水	份量	配方
研磨咖啡粉（深烘焙）	24g	8%
沸水	276g	92%
合計	300g	100%

表面用	
拿鐵餡A→P54	180g
拿鐵餡B→P54	120g

配方展現的概念

＊ 以沖泡過的咖啡渣加入到麵團中，除可提升烤焙後的麵包香氣外，更是零成本的食材。

＊ 堅果稍微烤過即可，烤太焦脆的話，會失去與麵團的協調口感；運用在麵團中的核桃烤過再使用，可去除皮膜減少油耗味。

基本工序

▼ **攪拌麵團**
材料Ⓐ慢速攪拌，中速攪拌至8分筋，加入奶油中速攪拌，加入咖啡渣、核桃拌勻，終溫27℃。

▼ **基本發酵**
40分鐘，壓平排氣、翻麵30分鐘。

▼ **分割**
麵團240g（60g×4）。

▼ **中間發酵**
30分鐘。

▼ **整型**
擀捲2次，放入模型。

▼ **最後發酵**
70分鐘至8分滿，表面擠上拿鐵餡。

▼ **烘烤**
入爐烤15分鐘（190℃／230℃），轉向，烤6-8分鐘。

12

以4個為組,收口朝下將捲好的尾端朝同方向放置模型中,最後發酵70分鐘(溫度32℃/濕度80%)至8分滿,表面擠上拿鐵內餡(60g)。

烘烤、組合

13

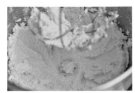

放入烤箱,以上火190℃/下火230℃,烤約15分鐘,轉向烤約6-8分鐘,出爐,脫模,撕除烤焙紙,待涼篩灑糖粉。

─── 風味內餡 ───

拿鐵餡 A

材料		份量	配方
A	鮮奶	185g	73.83%
B	蛋	28g	11.4%
	細砂糖	7g	2.59%
	煉乳	7g	2.59%
	玉米粉	3g	1.3%
	低筋麵粉	13g	5.18%
	咖啡粉	9g	3.37%
合計		252g	100%

作法

① 鮮奶加熱至75℃。另將材料**B**混合拌勻。

② 將拌好材料**B**加到熱鮮奶中,小火邊拌邊煮至沸騰(損耗比食材總重1:1)。255g拌煮至229g。

拿鐵餡 B

材料	份量	配方
無鹽奶油	51g	33.94%
糖粉	23g	15.15%
蛋	14g	9.1%
玉米粉	8g	5.45%
奶粉	50g	33.33%
水	5g	3.03%
合計	151g	100%

作法

① 奶油、糖粉攪拌打至微發。

② 分次加入蛋液攪拌至融合,加入混合過篩粉類、水攪拌均勻。

檸檬雪融麵包

LEMON ICING BREAD

洋蔥培根芝心乳酪

Bacon and Onion Bread

材料 （3條份量）

中種麵團	份量	配方
昭和先鋒高筋麵粉	250g	60%
高糖乾酵母	3g	0.6%
細砂糖	8g	2%
水	158g	38%
乾燥洋蔥絲	29g	7%

主麵團		份量	配方
A	昭和霓虹吐司專用粉	167g	40%
	細砂糖	25g	6%
	鹽	8g	2%
	全蛋	63g	15%
	高糖乾酵母	2g	0.4%
	水	38g	9%
B	無鹽奶油	34g	8%
合計		785g	188%

培根起司（每條）

培根	3片
起司片	3片
胡椒粒	適量

表面用（每條）

洋蔥絲	15g
切達起司	2片
美乃滋→P25	

配方展現的概念

* 使用60%特高筋麵粉、40%吐司專用粉是結合口感咬勁及突顯包裹使用食材的特色。
* 含糖量8%、鹽2%可增加口感咀嚼性，經咀嚼過程享受所有食材風味，若喜歡斷口性，糖量可增加至12%其餘食材%不變。

基本工序

▼ **中種麵團**
慢速攪拌中種材料成團，攪終溫24℃，
基本發酵50分鐘，壓平排氣、翻麵30分鐘。

▼ **攪拌麵團**
中種麵團、主麵團材料❹慢速攪拌，
中速攪拌至8分筋，加入奶油中速攪拌，
終溫26-28℃。

▼ **鬆弛發酵**
30分鐘。

▼ **分割**
麵團240g（80g×3個）。

▼ **中間發酵**
30分鐘。

▼ **整型**
麵團擀平，鋪放切半培根片2片、起司片，
捲成圓筒狀，對切，切面朝下，放入模型中。

▼ **最後發酵**
80分鐘（32℃／80%）。
擠上美乃滋，鋪放洋蔥、切達起司片。

▼ **烘烤**
入爐烤18分鐘（180℃／240℃），轉向烤約5-7分鐘。

作法

預備作業

1

吐司模型SN2151。

中種麵團

2

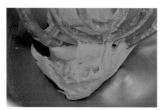

中種的所有材料慢速攪拌混合均勻（攪拌終溫24℃）。

> **TIPS**
> 乾燥洋蔥絲揉合中種麵團發酵後更能展現出香氣風味。

基本發酵、翻麵排氣

3　麵團整理至表面光滑並按壓至厚度平均，基本發酵約50分鐘，輕拍壓排出氣體，做3折2次翻麵，繼續發酵約30分鐘。

> **TIPS**
> 麵團壓平排氣作業，請參考P22步驟。

主麵團

4

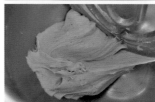

延展麵團確認狀態

將主麵團材料 **Ⓐ** 慢速攪拌混合，加入中種麵團繼續攪拌至拾起階段，轉中速攪拌至光滑、麵筋形成（約8分筋）。

5

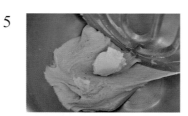

加入奶油慢速攪拌。

6

延展麵團確認狀態

拌至完全擴展（攪拌終溫26-28℃）。

鬆弛發酵

7　整理麵團表面光滑緊實，鬆弛發酵約30分鐘。

分割、中間發酵

8　麵團分割成240g（80g×3個），將麵團往底部確實收合滾圓，中間發酵約30分鐘。

整型、最後發酵

9

麵團稍拉長擀壓平成長片狀，翻面。

10

表面中間處鋪放切半的培根片（2片）、灑上胡椒粒、鋪放起司片（1片）。

11

由前端反折後朝底順勢捲起成圓筒狀，以3個為組，對切為二。

12

將切口處朝上放入模型中，最後發酵約80分鐘（溫度32℃／濕度80％），擠上美乃滋。

13

鋪上冰鎮後的洋蔥絲、切達起司片（2片）。

烘烤、組合

14 放入烤箱，以上火180℃／下火240℃，烤約18分鐘，轉向再烤約5-7分鐘，出爐、脫模。

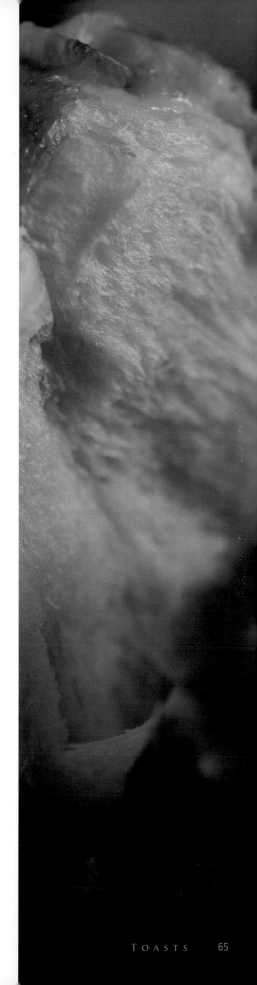

紫米福圓養生

FORBIDDEN RICE WITH LONGAN BREAD

材料 （3條份量）

中種麵團	份量	配方
昭和先鋒高筋麵粉	238g	70%
細砂糖	7g	2%
高糖乾酵母	3g	0.7%
水	150g	44%

主麵團		份量	配方
A	台灣小麥風味粉	102g	30%
	細砂糖	34g	10%
	鹽	6g	1.8%
	吐司硬種	85g	25%
	全蛋	34g	10%
	水	44g	13%
	高糖乾酵母	1g	0.3%
B	熟紫米	34g	10%
	無鹽奶油	34g	10%
合計		772g	226.8%

吐司硬種		份量	配方
A	高筋麵粉	58g	100%
	低糖乾酵母	0.1g	0.2%
	水	29g	50%
B	熟紫米	15g	25%
合計		102.1g	175.2%

內餡用（每條）

紫米桂圓餡→P69	100g

配方展現的概念

* 配方中硬種，指的是使用配方外割法製作硬吐司種，將熟紫米和硬種麵團攪拌，經以低溫風味熟成，再加入主麵團中以保留原始風味。
* 紫米桂圓餡是利用熱紫米軟化桂圓乾，可提升口感與風味上的層次性。
* 主麵團10%的紫米飯會保留部分米粒可增加咀嚼甜度和口感。

基本工序

▼ **前置作業**
製作硬吐司種。

▼ **中種麵團**
慢速攪拌材料成團，終溫25℃，
基本發酵，50分鐘，壓平排氣、翻麵30分鐘。

▼ **攪拌麵團**
中種麵團、主麵團其他材料Ⓐ慢速攪拌，
中速攪拌至8分筋，加入材料Ⓑ中速攪拌，
終溫26-28℃。

▼ **鬆弛發酵**
20分鐘。

▼ **分割**
麵團260g（130g×2個）。

▼ **中間發酵**
30分鐘。

▼ **整型**
麵團擀平，抹上紫米桂圓餡（50g），包捲。

▼ **最後發酵**
80分鐘（32℃／80%），至9分滿。刷全蛋液。

▼ **烘烤**
入爐烤15分鐘（170℃／230℃），轉向烤約10-12分鐘。

作法

預備作業

1

吐司模型SN2151。

熟紫米

2　用紫米（120g）與水（180g）
水浸泡軟化約2小時，蒸煮熟
即可。（紫米與水的配方比
為40%、60%）。

硬吐司種

3

將所有材料Ａ慢速攪拌至
拾起階段，轉中速攪拌至光
滑、麵筋形成（約8分筋），
加入熟紫米慢速攪拌至完全
擴展（攪拌終溫28℃），室
溫發酵60分鐘，冷藏發酵
（約5℃）約18-24小時。

中種麵團

4
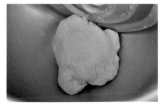

中種的所有材料慢速攪拌混
合均勻（攪拌終溫25℃）。

基本發酵、翻麵排氣

5
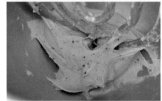

麵團整理至表面光滑並按壓
至厚度平均，基本發酵約50
分鐘，輕拍壓排出氣體，做3
折2次翻麵，繼續發酵約30分
鐘。

> **TIPS**
>
> 麵團壓平排氣作業，請參考
> P22步驟。

主麵團

6

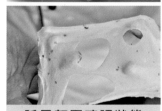

延展麵團確認狀態

將主麵團所有材料Ａ慢速
攪拌混合，加入中種麵團攪
拌至拾起階段，轉中速攪拌
至光滑、麵筋形成（約8分
筋）。

7

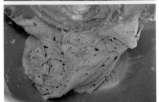

延展麵團確認狀態

加入奶油、熟紫米慢速攪
拌，至完全擴展（攪拌終溫
26-28℃）。

鬆弛發酵

8

整理麵團表面光滑緊實，鬆
弛發酵約20分鐘。

分割、中間發酵

9
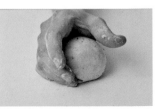

麵團分割成260（130g×2）
個，將麵團往底部確實收合
滾圓，中間發酵約30分鐘。

整型、最後發酵

10

將麵團輕拍稍延展拉長，擀壓成前端稍薄後端稍厚的片狀，翻面。

11

在表面抹上紫米桂圓餡（50g），由前端捲起至底收合於底成圓筒狀。

TIPS

攪拌麵團時紫米後加攪拌可維持完整的顆粒口感；油質具有滑潤作用能促使紫米保有較好的風味。

12

以2個為組，收口朝下，捲好的尾端朝向中間，放置模型中，最後發酵約80分鐘（溫度32℃／濕度80%）至約9分滿，薄刷全蛋液。

烘烤、組合

13

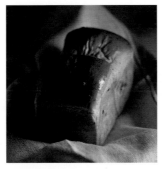

放入烤箱，以上火170℃／下火230℃，烤約15分鐘，轉向再烤約10-12分鐘，出爐、脫模。

── 風味內餡 ──

紫米桂圓餡

材料	份量	配方
熟紫米	204g	61.8%
細砂糖	18g	5.44%
奶油	21g	6.18%
桂圓	82g	24.73%
蘭姆酒	6g	1.85%
合計	331g	100%

作法

① 準備好細砂糖、奶油、桂圓。

② 將紫米飯煮熟，加入作法❶混合拌勻，待冷卻，加入蘭姆酒拌勻即可。

令 果 卡 士 達

APPLE CUSTARD BREAD

材料 （5條份量）

中種麵團	份量	配方
高筋麵粉	372g	60%
高糖乾酵母	7g	1%
細砂糖	19g	3%
全蛋	99g	16%
水	137g	22%

主麵團		份量	配方
A	高筋麵粉	248g	40%
	細砂糖	106g	17%
	鹽	7g	1%
	動物性鮮奶油	62g	10%
	水	105g	17%
	蜂蜜	19g	3%
B	無鹽奶油	62g	10%
合計		1243g	200%

冷泡蘋果	份量	配方
冷開水	1000g	76.34%
岩鹽	10g	0.76%
蘋果	300g	22.9%
合計	1310g	100%

內餡用（每條）

卡士達餡→P24	100g

配方展現的概念

＊冷泡蘋果可讓蘋果在低溫中吸收薄鹽水，在烤焙時避免蘋果水分流失提早產生焦化反應；蘋果含鉀遇到鹽的鈉後會產生甜味；冰鎮鹽泡可延緩蘋果多酚氧化，酶發生酶促褐變反應形成黑色素。

＊主麵團配方中的砂糖平均分成2次下，避免糖分溶解後造成麵團過度軟化，造成麵筋未達擴展標準值，影響烤焙膨脹性（第一次剛開始攪拌就下，第二次麵團光滑狀時下）。

基本工序

▼ **預備作業**
　冷泡蘋果、卡士達餡。

▼ **中種麵團**
　慢速攪拌中種材料成團，終溫24℃，
　基本發酵60分鐘，壓平排氣、翻麵30分鐘。

▼ **攪拌麵團**
　中種麵團及1/2砂糖、其他材料🅐慢速攪拌，
　中速攪拌至5分筋，再加入1/2砂糖攪拌至8分筋，
　加入奶油中速攪拌，終溫28℃。

▼ **鬆弛發酵**
　20分鐘。

▼ **分割**
　麵團220g（55g×4個）。

▼ **中間發酵**
　15分鐘。冷藏鬆弛30分鐘。

▼ **整型**
　麵團擀平，鋪放蘋果擠上卡士達餡，折疊放入模型。

▼ **最後發酵**
　70分鐘。

▼ **烘烤**
　入爐烤15分鐘（170℃／240℃），轉向烤約10分鐘。

13

中間處鋪放蘋果片2片，擠上
卡士達餡（25g），並將兩側
朝中間折疊包覆。

14

底層麵團2個

以4個為組（上、下層各2
個），底層兩個，收合口朝
下由倚靠模型前後兩側放置
模型底層。

15

上層麵團2個

再以上層兩個為組，疊放入
模型中做第二層，最後發酵
約70分鐘。

16

蘋果片不須吸乾水分

表面鋪放厚約0.2-0.3cm蘋果
圓片3片（不須吸乾水分）。

烘烤、組合

17

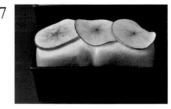

放入烤箱，以上火170℃／下
火240℃，烤約15分鐘，轉向
再烤約10分鐘，出爐。

18

脫模，薄刷鏡面果膠即可。

TIPS

烘烤過程中若蘋果已著色太
深，可在表面覆蓋烤盤紙以
防焦黑。

關於配方中的
卡士達餡

本配方中的卡士達不加奶
油。添加奶油的卡士達較
適用於後製內餡使用，若
是前製餡，著重於餡料完
成時比重，比重會影響餡
料的軟硬度，直接影響入
口時口感；另外，由於加
入奶油時會在烤焙階段釋
出油分較容易造成麵團分
離現象，因此除非特別需
求，否則建議奶油添加量
為此配方未達比重前總重
量2%，可提升奶製加工品
風味。

綿綿綿吐司

MILK BREAD

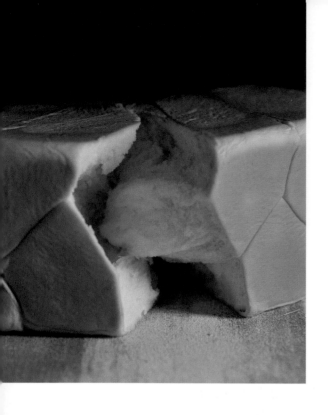

綿綿綿吐司

MILK BREAD

配方展現的概念

* 含隔夜麵種總液態量為53%，但使用配方外割法隔
  夜麵種可使水分充分熟成在麵團間。
* 利用麵種和砂糖、鹽、動物性鮮奶油先拌至完全糊
  化（可讓麵團分子變小增加其柔軟綿密度），再加
  入其餘食材攪拌至麵團無粗糙狀即可。
* 使用38%純乳脂可增加滑潤口感。

材料 （3條份量）

隔夜種	份量	配方
隔夜種麵團	193g	42%
主麵團	份量	配方
細砂糖	65g	14%
鹽	6g	1.3%
水	115g	25%
動物性鮮奶油（35%）	37g	8%
動物性鮮奶油（38%）	37g	8%
高筋麵粉	414g	90%
低筋麵粉	46g	10%
高糖乾酵母	5g	1%
鮮奶	46g	10%
合計	964g	209.3%

隔夜種麵團	份量	配方
高筋麵粉	130g	100%
細砂糖	16g	12%
鹽	2g	1.5%
高糖乾酵母	0.4g	0.3%
水	78g	60%
無鹽奶油	8g	6%
合計	234.4g	179.8%

基本工序

▼ **前置作業**
   隔夜種麵團。慢速攪拌材料成團，終溫26℃，
   室溫發酵30分鐘，冷藏（5℃）發酵18-24小時。

▼ **攪拌麵團**
   隔夜種麵團、其他材料攪拌至7分筋，終溫25-27℃。

▼ **折疊、冷藏鬆弛**
   折疊擀壓6-8次，密封冷藏10分鐘，
   折疊擀壓4次至麵團光滑。

▼ **分割**
   麵團660g（220g×3個）；300g（100g×3個）。

▼ **整型**
   擀壓成長條狀，捲成長條（25cm），
   編成3股辮，入模。

▼ **最後發酵**
   130分鐘至8分滿（32℃／80%），蓋上模蓋。

▼ **烘烤**
   入爐烤20分鐘（210℃／200℃），
   轉向烤約10分鐘，掀開模蓋看上色程度，
   調整爐蓋溫度再烤5-10分鐘。

作法

預備作業

1

吐司模型SN2120（300g）、
吐司模型SN2052（660g）。

隔夜種麵團

2

高糖酵母、水攪拌融解（1：
5），與所有材料慢速攪
拌至拾起階段（攪拌終溫
26℃），室溫發酵30分鐘，
再冷藏發酵約18-24小時。

主麵團

3

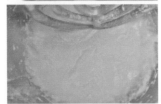

隔夜種麵團、砂糖、鹽先攪
拌至糊化，加入水慢速混
合，分次加入鮮奶、鮮奶油
攪拌至糊化。

4

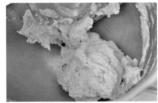

再加入麵粉、酵母攪拌至拾
起階段，轉中速攪拌至微光
滑（攪拌終溫25-27℃）。

> **TIPS**
>
> 攪拌完成的麵團溫度不宜超
> 過28℃，才能維持麵包組織
> 的細緻柔軟。

機器擀壓

5

機器壓麵。將麵團用壓麵機
來回延壓至麵團成柔軟光滑
狀態。

> **TIPS**
>
> 完成的麵團不需基發。此麵
> 包以綿密組織為特色，而麵
> 團經過基本發酵後在肌理上
> 會保留住氣孔，後續烤焙後
> 呈現的口感是鬆軟的綿密而
> 非紮實嚼勁的綿密。

分割

6　麵團分割660g（220g×3
　　個）。

> **TIPS**
>
> 因機器壓製的效力較強，不
> 需先分割麵團，將機器可承
> 受的麵團份量先壓製到光滑
> 面呈筋度後，再分割成所需
> 的重量，接著完成後續整型
> 動作。

7

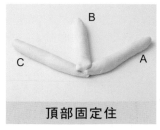

將麵團擀壓成長片狀，翻面，由長側邊按壓滾動地捲起至底成長條（約長25cm×寬3cm）。輕輕滾動搓揉均勻成長條。

整型、最後發酵

8

頂部固定住

將3條麵團頂部按壓固定，以編辮的方式順勢編結至底。

9

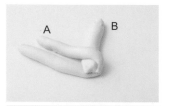

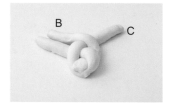

將A→B編結。將C→A編結。將B→C編結。

10

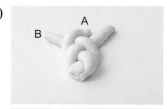

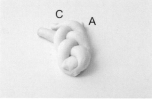

再依序重複操作將麵團由A→B、C→A、B→C編辮到底，編結成三股辮。

11

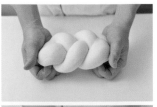

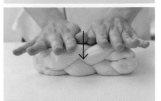

兩側按壓整型

收口按壓密合，再由兩側邊按輕按壓整型。

12

將麵團收口朝下前後倚靠模邊，兩側距離模邊約1cm，放入模型中，放入發酵箱，最後發酵約130分鐘（溫度32℃／濕度80%），至約8分滿，蓋上模蓋。

13

手擀壓麵。將麵團分割300g
（100g×3個）。

14

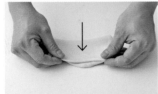

將麵團擀壓成長片狀，由
下往上對折，再由右往左對
折，再擀壓成長片狀，再對
折。

15 依法重複擀平、折疊6-8次，
放入塑膠袋中，冷藏10分
鐘，再擀壓平、折疊重複操
作4次，擀壓至麵團成光滑狀
態。

16

將麵團擀壓成長片狀，翻
面，由長側邊按壓滾動地捲
起至底成長條（約長25cm×
寬3cm），輕輕滾動搓揉均
勻成長條。

整型、最後發酵

17

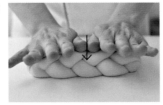

依法編結成三股辮，收口按
壓密合，再由兩側邊按輕按
壓整型。

18

放入模型中發酵至8分滿，蓋
上模蓋。

烘烤、組合

19

放入烤箱，以上火210℃／下
火200℃，烤約20分鐘，轉
向再烤約10分鐘，打開模蓋
看上色程度，調整爐蓋溫度
再烤約5-10分鐘，出爐、脫
模。

關於
手製VS機器擀壓

不同擀壓製法，完成的麵
溫不同，機器擀壓的麵團
終溫24℃；手擀壓製的麵
團終溫27℃。這是因為機
器擀壓的製程是在麵團完
成時立即動作，而擀壓的
過程同時也會使麵團溫度
持續上升，若麵團終溫高
則會影響產品，完成後組
織會粗糙。手擀壓製的製
程無法像機器一樣柔滑的
強力擀壓，需分多次階段
性，經由冷藏鬆弛後再擀
壓，若麵團終溫低則會影
響後續發酵效力。

預備作業

1

吐司模型SN2151。吐司模鋪放烤焙紙。

> **TIPS**
> 蛋糕體會沾黏吐司烤模，為維持完好造型，以及方便脫模，會先鋪放固定紙模。

中種麵團

2

高糖酵母、水攪拌融解（1：5），與其他所有材料慢速攪拌均勻（攪拌終溫24℃）。

基本發酵、翻麵排氣

3

將麵團整理至表面光滑並按壓至厚度平均，基本發酵約60分鐘，輕拍壓排出氣體，做3折2次翻麵，繼續發酵約30分鐘。

> **TIPS**
> 麵團壓平排氣作業，請參考P22步驟。

主麵團

4

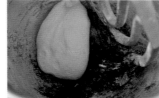

延展麵團確認狀態

將主麵團材料Ⓐ慢速攪拌混合，再加入中種麵團，繼續攪拌至拾起階段，轉中速攪拌至光滑、麵筋形成（約8分筋）。

5

加入奶油慢速攪拌至完全擴展。

> **TIPS**
> 剩餘的吐司老麵麵團可在此時加以運用（可避免材料的浪費），但添加以不影響配方為前提，以不超過20%為最高上限。

6

加入巧克力豆拌勻（攪拌終溫28℃）。

鬆弛發酵

7

整理麵團表面光滑緊實，鬆弛發酵約30分鐘。

> **TIPS**
> 中種法麵團在主麵團攪拌完成後需經過鬆弛發酵，使麵筋得以鬆弛，而且可使酵母產氣更加足夠增加烤焙膨脹力並可使酵母效力加強。

分割、中間發酵

8

麵團分割成130g（65g×2個），將麵團往底部確實收合滾圓，中間發酵約30分鐘。

整型、最後發酵

9

麵團輕拍稍拉長，橫向放置，擀壓成片狀，翻面，按壓延展開底側兩邊端。

10

由前端外側朝中間捲起至底，確實收合捏緊接合處，滾動搓揉麵團使其成為均勻條狀。

11

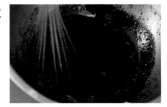

將2個為組，接合口處朝下、兩側預留空間（約1cm）放置模型中，最後發酵約20分鐘。

巧克力蛋糕麵糊

12

沙拉油、鮮奶加熱至75-80℃，加入混合過篩低筋麵粉、可可粉混合拌勻，分3次加入蛋黃攪拌混合均勻。

13

材料Ｂ攪拌打至濕性發泡。先取30%打發蛋白加入蛋黃麵糊拌勻，再倒回剩打發蛋白中混合拌勻即可。

烘烤、組合

14

在表面擠入巧克力蛋糕麵糊（約180g），震敲使麵糊均勻分布。

15

烤箱以上火170℃／下火190℃預熱。以上火150℃／下火160℃，烤約10分鐘，在表面中間直劃切痕，再烤約25分鐘，出爐、震敲。

16

立即脫模、撕除烤焙紙，待冷卻（出爐前以手輕觸按壓，確定蛋糕體固定性再出爐）。

作法

預備作業

1

小型帶蓋吐司模型11×5.8×
5.4cm。

中種麵團

2

將所有材料慢速攪拌均勻成
團（攪拌終溫25℃）。

基本發酵、翻麵排氣

3

麵團整理至表面光滑並按壓
至厚度平均，基本發酵約50
分鐘。

4

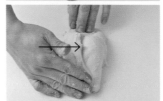

取出麵團由左右側朝中間折
疊，再由內側朝外折疊，平
整排氣，繼續發酵約30分
鐘。

主麵團

5

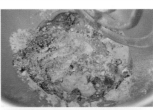

將吐司老麵、主麵團材料Ⓐ
慢速攪拌混合，再加入中種
麵團繼續攪拌至拾起階段。

6

延展確認麵團狀態

轉中速攪拌至光滑、麵筋形
成（約9分筋）。

7

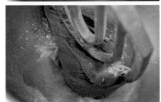

延展麵團確認狀態

加入奶油慢速攪拌至完全擴
展（攪拌終溫28℃）。

鬆弛發酵

8

整理麵團表面光滑緊實,鬆弛發酵約30分鐘。

分割、中間發酵

9

麵團分割成85g,將麵團往底部確實收合滾圓,中間發酵約30分鐘。

整型、最後發酵

10

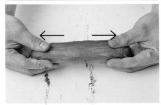

麵團輕輕對折貼合,捏緊收合,延展拉長。

11

擀壓平成長片狀,翻面,表面鋪放耐烤巧克力豆(5g)。

12

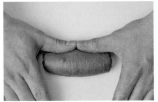

由前端捲起至底收合於底,滾動按壓確實收合整型。

13

模型兩側預留0.5cm

收口朝下放入模型中,前後距離模型約0.5cm。

14

放入發酵箱,最後發酵約80分鐘(溫度32℃/濕度80%)至模型9分滿,蓋上模蓋。

烘烤、組合

15

放入烤箱,以上火220℃/下火220℃,烤約12分鐘,轉向再烤約4分鐘,出爐、脫模。

16

表面淋上鏡面巧克力,對角篩上可可粉,用紅醋栗、金箔點綴即可。

預備作業

1

吐司模型SN2012。

中種麵團

2

中種的所有材料慢速攪拌混合均勻（攪拌終溫25℃）。

基本發酵

3

組織狀態

麵團整理至表面光滑並按壓至厚度平均，基本發酵約90分鐘。

主麵團

4

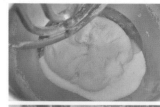

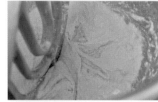

將中種麵團、蛋白、細砂糖慢速攪拌至糊化，再加入其他材料Ａ慢速攪拌至拾起階段。

5

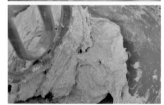

延展麵團確認狀態

轉中速攪拌至光滑、麵筋形成（約8分筋）。

6

延展麵團確認狀態

加入奶油慢速攪拌，至完全擴展（攪拌終溫28℃）。

鬆弛發酵

7

整理麵團表面光滑緊實，鬆弛發酵約30分鐘。

分割、中間發酵

8

麵團分割成1100g（220g×5個），將麵團往底部確實收合滾圓，中間發酵約30分鐘。

整型、最後發酵

9

麵團拍平排出空氣，翻面，由前端往底部捲起收合於底，鬆弛約10分鐘。

10

縱向放置，拉抬底部邊擀壓成長條狀，翻面，由前端往底部捲起收合於底，鬆弛約10分鐘。

TIPS
將麵團底部一手稍拉抬一手邊擀壓，較能擀壓得平均。

11

尾端朝向中間同向放置

以5個為組，收合口朝下放置模型中。

12

最後發酵約80分鐘（溫度32℃／濕度80%）至約8分滿。

烘烤、組合

13

放入烤箱，以上火210℃／下火200℃，烤約30分鐘，轉向再烤約15分鐘，出爐、脫模。

作法

預備作業

1

吐司模型SN2151。

中種麵團

2

中種的所有材料慢速攪拌混合均勻（攪拌終溫26℃）。

基本發酵、翻麵排氣

3

麵團整理至表面光滑並按壓至厚度平均，基本發酵約40分鐘，輕拍壓排出氣體，做3折2次翻麵，繼續發酵約30分鐘。

> **TIPS**
> 麵團壓平排氣作業，請參考P22步驟。

主麵團

4

將甜老麵、8%甜菜根，以及其他材料Ⓐ慢速混合攪拌，再加入中種麵團攪拌至拾起階段。

5

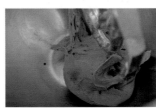

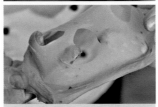

延展麵團確認狀態

轉中速攪拌至光滑、麵筋形成（約8分筋）。

6

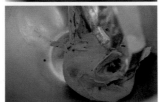

加入奶油、12%甜菜根中速攪拌。

7

延展麵團確認狀態

拌至完全擴展（攪拌終溫28℃）。

鬆弛發酵

8

整理麵團表面光滑緊實，鬆弛發酵約20分鐘。

分割、中間發酵

9　麵團分割成240g（80g×3個），將麵團往底部確實收合滾圓，中間發酵約20分鐘。

整型、最後發酵

10

麵團揉整成一端圓厚一端細圓錐狀。

11

擀壓平成長片,翻面,由
圓端反折捲起至底,收口於
底。

12

斜角放置入模

以3個為組,切口朝下斜角放
置模型中,最後發酵約80分
鐘(溫度32℃/濕度80%)
至約8分滿。

13

待表面風乾,薄刷蛋液,斜
劃刀口,並在刀口上擠上無
鹽奶油,最後撒上鹽之花。

烘烤、組合

14

放入烤箱,以上火170℃/下
火220℃,烤約12分鐘,轉向
再烤約8分鐘,出爐、脫模,
趁熱薄刷有鹽奶油。

TIPS

配方中的甜麵團製作,參
見P71「令果卡士達」的中
種、主麵團配方,再以直接
法的攪拌製作、發酵即可;
注意砂糖分成2次加入攪
拌。

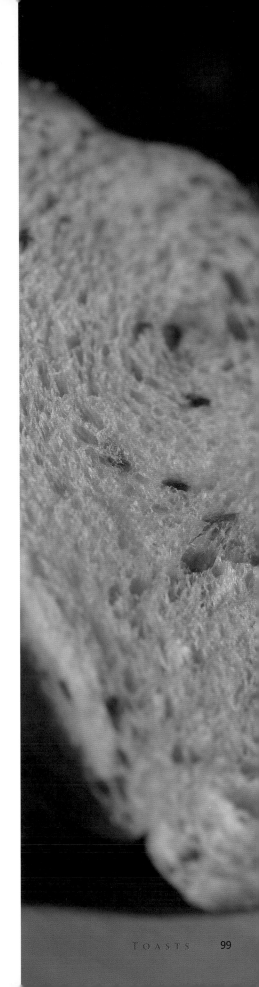

大地黃金地瓜
SWEET POTATO BREAD

材料 （3條份量）

麵團		份量	配方
A	高筋麵粉	350g	100%
	細砂糖	32g	9%
	鹽	6g	1.6%
	奶粉	7g	2%
	地瓜餡	175g	50%
	高糖乾酵母	4g	1%
	水	123g	35%
	燙麵→P101	53g	15%
B	無鹽奶油	25g	7%
合計		775g	220.6%

地瓜餡	份量	配方
地瓜（去皮蒸熟）	197g	78.74%
細砂糖	12g	4.73%
無鹽奶油	12g	4.73%
蛋黃	20g	7.87%
動物性鮮奶油	10g	3.94%
合計	251g	100%

內餡、表面用

地瓜內餡→P109
奶粉

配方展現的概念

＊ 加入燙麵可增加口感咀嚼斷口性，搭配軟餡料佔麵團比例75%，高佔比會提高食用化口性。

＊ 用現成地瓜餡時須視其水分含量的不同，斟酌調整配方中的用水。

基本工序

▼ **地瓜餡**
製作地瓜餡、地瓜內餡。

▼ **攪拌麵團**
材料Ａ慢速攪拌，中速攪拌至8分筋，
加入奶油中速攪拌至完全擴展，終溫26℃。

▼ **基本發酵**
40分鐘，壓平排氣、翻麵30分鐘。

▼ **分割**
麵團240g（120g×2）。

▼ **中間發酵**
30分鐘。

▼ **整型**
擀成方片狀，擠上地瓜餡，捲起，
2條為組放入模型。

▼ **最後發酵**
60-70分鐘。篩灑上奶粉。

▼ **烘烤**
入爐15分鐘（170℃／240℃），轉向，烤8-10分鐘。

花見紅藜洛神

ROSELLE BREAD

材料 （3條份量）

麵團		份量	配方
A	昭和先鋒高筋麵粉	356g	100%
	細砂糖	29g	8%
	鹽	7.5g	2%
	紅藜粉	10g	3%
	燙麵→P101	71g	20%
	蛋	36g	10%
	低糖乾酵母	4g	1%
	水	221g	62%
B	無鹽奶油	18g	5%
	紅藜（煮熟）	18g	5%
合計		770.5g	216%

內餡用（每條）

蜜漬洛神花（切丁）	56g

包覆麵皮

麵皮麵團	切取60g×3個
蜜漬洛神花（整朵）	1朵×3個

配方展現的概念

＊ 紅藜粉的使用量建議最高不超過3%，避免影響烤
焙膨脹。

＊ 配方中燙麵20%是以天然保濕添加物的方式使用，
而先鋒麵粉的高蛋白質所形成的組織得以支撐多樣
天然副食材。

基本工序

▼ **攪拌麵團**

材料Ⓐ慢速攪拌，中速攪拌至8分筋，
加入奶油、紅藜中速攪拌至完全擴展，終溫26℃。
分割成內層、包覆麵團。
內層麵團拍平，鋪放洛神花丁，折疊1/3，
再鋪放餡料，折疊1/3，捲折收合平整。

▼ **基本發酵**

40分鐘，壓平排氣、翻麵30分鐘。

▼ **分割**

麵團200g、包覆外皮60g。

▼ **中間發酵**

30分鐘。

▼ **整型**

內層麵團整型成圓筒狀。
外層擀平，刷上橄欖油，放上蜜洛神花，內層麵團，
包覆成型，放入模型。

▼ **最後發酵**

70分鐘。篩粉，在中間處淺劃開。

▼ **烘烤**

入爐15分鐘（170℃／230℃），轉向，烤6-8分鐘。

作法

預備作業

1

吐司模型SN2151。

酒漬草莓乾

2
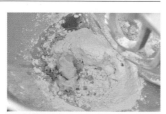
草莓乾與酒浸泡，每天固定時間翻動，連續3天後使用。

酒漬草莓乾

3

延展麵團確認狀態

將燙麵麵團、其他材料Ⓐ慢速攪拌混合至拾起階段，轉中速攪拌至光滑、麵筋形成。

4
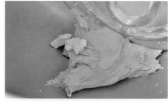

延展麵團確認狀態

加入奶油中速攪拌至完全擴展（攪拌終溫26℃）。

TIPS
判斷每階段麵團筋膜狀態時，最好先將攪拌速度降速攪拌約10秒緩充筋度後，再延展會較準確。

基本發酵、壓平排氣

5

麵團整理至表面光滑並按壓至厚度平均，基本發酵約40分鐘，輕拍壓排出氣體，做3折2次翻麵，繼續發酵約30分鐘。

TIPS
麵團壓平排氣作業，請參考P22步驟。

分割、中間發酵

6

麵團分割成240g，將麵團往底部確實收合滾圓，中間發酵約30分鐘。

整型、最後發酵

7

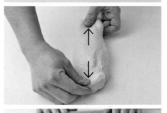

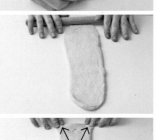

將麵團對折折疊收合於底，延展拉長，擀壓成片狀，翻面，按壓延展開底部邊端。

8

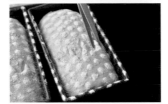

將麵團劃分成三區塊，擠上
奶油乳酪（40g）、鋪放酒漬
草莓（20g），由前側朝內覆
蓋餡料處捲起，捲折3折至底
收合整型。

9

收口朝下放入模型中，最後
發酵約60分鐘，表面噴水
霧、撒上少許白芝麻。

10

待稍風乾，覆蓋圓點圖樣，
篩灑上裸麥粉，剪出連續^刀
口，做草莓蒂造型。

烘烤、組合

11

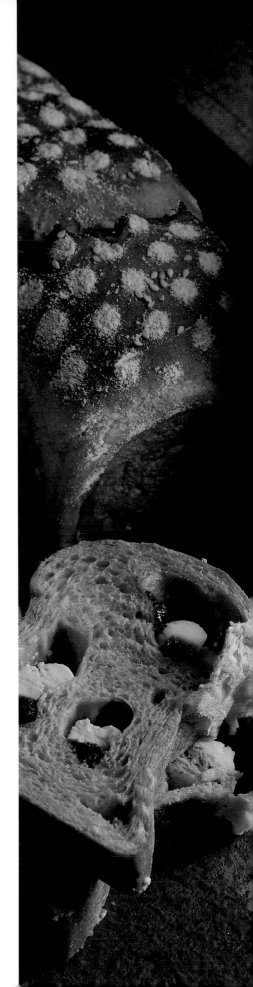

放入烤箱，以上火170℃／下
火230℃，烤約15分鐘，轉
向烤約8-10分鐘，出爐、脫
模。

作法

預備作業

1

吐司模型SN2151。

藍莓乳酪餡

2

將藍莓餡、奶油乳酪,以6:4的比例混合攪拌均勻即可。

蝶豆花燙麵

3

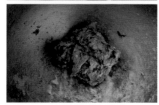

水煮沸,放入蝶豆花浸泡開,加入到麵粉中攪拌成團,待冷卻,冷藏靜置約24小時,備用。

攪拌麵團

4

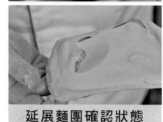

延展麵團確認狀態

將蝶豆花燙麵、其他材料Ⓐ慢速攪拌混合至拾起階段,轉中速攪拌至光滑、麵筋形成。

5

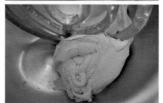

延展麵團確認狀態

加入奶油中速攪拌至完全擴展(攪拌終溫26℃)。

基本發酵、壓平排氣

6

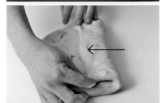

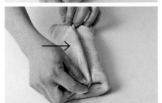

麵團整理至表面光滑並按壓至厚度平均,基本發酵約40分鐘,倒扣出麵團使其自然落下,由左右側朝中間折疊,再由內側朝外折疊,平整排氣,繼續發酵約30分鐘。

分割、中間發酵

7

麵團分割成240g，將麵團往底部確實收合滾圓，中間發酵約30分鐘。

整型、最後發酵

8

將麵團輕拍稍延展拉長，擀壓成片狀，翻面，在表面抹上藍莓乳酪餡（100g）。

9

由前端捲起至底收合於底。

10

整型成圓筒狀，包覆好冷凍30分鐘。

TIPS

冷凍30分鐘定型，可利於分切的操作。

11

斜靠交錯入模

平均分切成5等份，收口朝下，斷面朝上、呈斜靠交錯的放入（頭、尾端相對）模型中，最後發酵約120分鐘，刷上全蛋液，撒上花生角（或杏仁角）。

烘烤、組合

12

放入烤箱，以上火180℃／下火230℃，烤約15分鐘，轉向烤約6-8分鐘，出爐、脫模。

─── 風味內餡 ───

藍莓餡

材料	份量	配方
藍莓（或冷凍）	338g	75.19%
二砂糖	34g	7.52%
細砂糖	51g	11.28%
蜂蜜	17g	3.76%
檸檬汁	10g	2.25%
合計	450g	100%

* 比重1.154
* 得率：食材總重×0.56（煮好起鍋252g）

作法

將所有材料小火邊拌邊熬煮至濃稠狀即可。

TOAST 4

高水量的活性發酵力量

液種法

液種法（Poolish）又稱波蘭法。
使用等量的粉類和水攪拌均勻，低溫長時發酵後，
做成發酵種，隔日再與其餘材料揉和的製法。
由於水分偏多，含無數氣泡的黏糊質地，因此又稱「液種法」。
少量的酵母為小麥麵粉和液態之間的媒介，
充分利用100%以上液態量讓小麥麵粉充分吸收水分熟成，可增加柔軟性並促使發酵穩定，
成製的麵包能帶出其特有的濃厚發酵香氣與風味。

E 液種（內割法）

材料	份量	配方
高筋麵粉	108g	30%
麥芽精	0.7g	0.2%
水	83g	23%
低糖乾酵母	0.4g	0.1%
鮮奶（30℃）	43g	12%
合計	235.1g	65.3%

＊**配方內割法**：設定配方時從麵粉總量（100%）中，分出部分比例另外製作麵種、或是麵團，在配方設定攪拌程序中加回主麵團，稱為「內割法」。

＊**配方外割法**：設定配方時依照配方麵粉總量外，再另外以適當配比的麵粉量製作麵種、或是麵團，在後續配方設定攪拌程序中加回主麵團，稱為「外割法」。

作法

1

將所有材料攪拌混合均勻（攪拌終溫28℃）。

2

室溫發酵2小時。

3

冷藏發酵18-24小時。

4 攪拌使用前放室溫回溫約90分鐘至16℃。

TIPS
量越大退冰時間需越久。

本書共通原則
玻璃容器沸水消毒法

為避免雜菌的孳生導致發霉，使用的容器工具需事先煮沸消毒。

一般的消毒作業：

1

鍋中加入可以完全淹蓋過瓶罐的水量，煮沸，放入瓶罐煮約3分鐘。

2

以夾子挾取出。

3

倒放、自然風乾即可。其他使用的工具，也需以熱水澆淋消毒。

18% 蜂蜜叮叮

HONEY BUTTER BREAD

材料（3條份量）

液種麵團	份量	配方
高筋麵粉	74g	20%
蜂蜜	37g	10%
高糖乾酵母	0.4g	0.1%
水	41g	11%

中種麵團	份量	配方
高筋麵粉	185g	50%
蜂蜜	30g	8%
煉乳	30g	8%
高糖乾酵母	4g	1%
水	82g	22%

主麵團		份量	配方
A	高筋麵粉	111g	30%
	細砂糖	26g	7%
	鹽	7g	1.8%
	奶粉	17g	4%
	蛋	37g	10%
	水	26g	7%
B	無鹽奶油	37g	10%
	蜂蜜丁	30g	8%

合計	774.4g	207.9%

表面用

蜂蜜奶油→P136

配方展現的概念

＊ 使用液種麵團及中種麵團，透過長時間的熟成發酵
　將蜂蜜的風味完整保留。

＊ 蜂蜜的稀適性高於一般細砂糖，不建議使用13%以
　上的高筋或特高筋來製作麵團；建議以蛋白質含量
　介於12-12.8的高筋麵粉為適宜。

基本工序

▼ **液種麵團**
　所有材料攪拌混合均勻，終溫30℃，
　室溫發酵2小時，冷藏發酵16-24小時。

▼ **中種麵團**
　慢速攪拌中種材料成團，終溫26℃。

▼ **基本發酵**
　40分鐘，壓平排氣、翻麵30分鐘。

▼ **攪拌麵團**
　將中種麵團、液種麵團與其他材料Ⓐ慢速攪拌，
　加入奶油中速攪拌，加入蜂蜜丁拌勻，終溫28℃。

▼ **鬆弛發酵**
　30分鐘。

▼ **分割**
　麵團240g（60g×4）。

▼ **中間發酵**
　30分鐘。

▼ **整型**
　擀開捲成短長型，放入模型。

▼ **最後發酵**
　90分鐘。

▼ **烘烤**
　入爐烤15分鐘（170℃／230℃），轉向，烤7分鐘，
　刷上蜂蜜奶油。

7

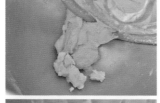

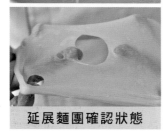

延展麵團確認狀態

再加入奶油中速攪拌至完全擴展（攪拌終溫27℃）。

8

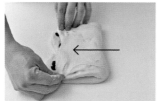

將麵團延展整成四方形，在一側處鋪放蜜紅豆，再將另一側朝中間折入。

9

對切成半、疊放中間，再對切、疊放中間，重複動作翻拌均勻，整理整合麵團。

TIPS

· 麵團粉重3kg以上者果乾直慢速接攪拌；若少於3kg少量者可用切拌的方式混合，較不會攪碎。
· 紅豆粒如果用攪拌機擴散混合易碎，因此透過手工切拌進行。翻拌時要將麵團兩側慢慢集中，整理。

基本發酵、壓平排氣

10

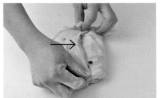

麵團整理至表面光滑並按壓至厚度平均，基本發酵約50分鐘，輕取下麵團，由左右側朝中間折疊，再由內側朝外折疊，平整排氣，繼續發酵約30分鐘。

分割、中間發酵

11

麵團分割成160g、80g（2種
大小重量），將麵團往底部
確實收合滾圓，中間發酵約
30分鐘。

整型、最後發酵

12

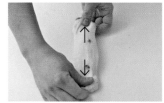

取大麵團（160g）對折折疊
收合於底，縱放延展拉長，
擀壓成前端稍薄後端稍厚的
片，翻面。

13

在表面抹上紅豆餡（70g）。

14

由前端捲起至底收合於底。

15

小麵團（80g）依法擀折、包
捲紅豆餡（30g），整型成圓
筒狀，冷凍靜置30分鐘。

16

將麵團（160g）對切成二，斷
面朝上，擺放模型的前後兩
側，中間放置麵團（80g），最
後發酵約80分鐘，表面塗刷
蛋液、撒上杏仁角。

烘烤、組合

17

放入烤箱以上火170℃／下火
230℃，烤約15分鐘，轉向烤
約8-10分鐘，出爐、脫模。

─ 風味內餡 ─

紅豆餡

材料	份量	配方
A 紅豆	98g	24.4%
水	196g	48.9%
B 2號砂糖	49g	12.2%
鹽	0.8g	0.2%
動物鮮奶油	41g	10.2%
麥芽糖(水飴)	17g	4.1%
合計	401.8g	100%

＊ 損耗比＝食材總重／1.326
（401.8÷1.326煮好後剩303g）

作法

① 將洗好紅豆加水用電鍋蒸
煮熟，取出翻拌，再蒸至
紅豆用手捏爛的狀態。

② 放入乾炒鍋中，加入其他
材料**B**拌炒至最後重量
（約303g）。

③ 用均質機攪打均勻即可。

作法

預備作業

1

吐司模型SN2151。

液種麵團

2

所有材料攪拌混合均勻（攪拌終溫30℃）。

3

室溫發酵2小時，冷藏發酵12-18小時。攪拌前放室溫回溫約90分鐘至16℃。

TIPS

放置常溫發酵，可使酵母充分發揮作用，讓小麥粉風味和鮮奶更加熟成。

主麵團

4

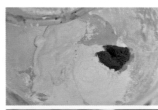

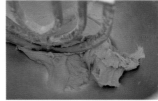

延展麵團確認狀態

將主麵團材料Ⓐ慢速攪拌混合，再加入液種麵團繼續攪拌至拾起階段，轉中速攪拌至光滑、麵筋形成。

5

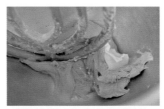

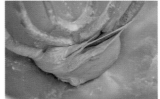

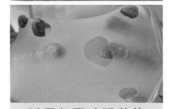

延展麵團確認狀態

再加入奶油中速攪拌至完全擴展（攪拌終溫26℃）。

6

整理收合麵團成型。

基本發酵、壓平排氣

7

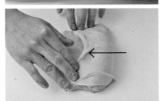

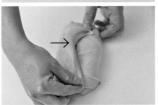

麵團整理至表面光滑並按壓至厚度平均，基本發酵約40分鐘，倒扣出麵團使其自然落下，由左右側朝中間折疊，再由內側朝外折疊。

8

平整排氣，繼續發酵約30分鐘。

分割、中間發酵

9

麵團分割成240g，再將麵團往底部確實收合滾圓，中間發酵約30分鐘。

整型、最後發酵

10

將麵團對折折疊收合捏緊，轉向縱放，輕拍延展拉長。

11

擀壓成片狀，翻面，按壓延展開四邊端。

12

在底部1/2處相間隔切劃5刀至底，抹上蜂蜜紫藷餡（70g），由前端捲起至底收合於底。

13

收口朝下放置模型中，最後發酵約80分鐘，表面篩灑奶粉。

烘烤、組合

14　放入烤箱，以上火170℃／下火230℃，烤約15分鐘，轉向烤約10-12分鐘，出爐、脫模。

── 風味內餡 ──

蜂蜜紫藷餡

材料	份量	配方
紫藷（蒸熟）	318g	79.58%
細砂糖	20g	4.85%
奶油	23g	5.82%
蜂蜜	20g	4.85%
奶粉	20g	4.9%
合計	401g	100%

作法

將奶油、砂糖攪拌至融合，加入搗壓成泥的紫藷、其餘材料混合拌勻即可。

預備作業

1

吐司模型SN2151。

液種麵團

2

所有材料攪拌混合均勻（攪拌終溫30℃）。

3

室溫發酵2小時。

4

冷藏發酵12-18小時。攪拌前放室溫回溫約90分鐘至16℃。

主麵團

5

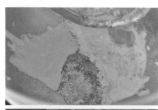

延展麵團確認狀態

將主麵團材料Ⓐ慢速攪拌混合，加入液種麵團，繼續攪拌至拾起階段，轉中速攪拌至光滑、麵筋形成。

6

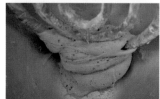

延展麵團確認狀態

加入奶油、熟紅藜中速攪拌至完全擴展（攪拌終溫27℃）。

7

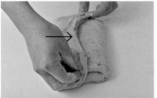

整理收合麵團成型。

基本發酵、壓平排氣

8

麵團整理至表面光滑並按壓至厚度平均，基本發酵約30分鐘，倒扣出麵團。

9

由左右側朝中間折疊，再由內側朝外折疊，平整排氣。

10

平整排氣，繼續發酵約30分
鐘。

分割、中間發酵

11

麵團分割成240g（80g×3），
再將麵團往底部確實收合滾
圓，中間發酵約30分鐘。

整型、最後發酵

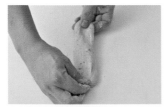

12

將麵團對折折疊收合，輕拍
稍延展拉長，擀壓成片狀，
翻面，稍按壓開底部邊端。

13

將麵團劃分成三區塊，各擠
上紅藜乳酪餡（10g），由前
側朝內覆蓋餡料處捲起，捲
折3折至底收合。

14

以3個為組，收口朝下，放
置模型中，最後發酵約70分
鐘，表面塗刷蛋液、撒上鹽
之花。

烘烤、組合

15 放入烤箱，以上火170℃／下
火230℃，烤約15分鐘，轉
向烤約10-12分鐘，出爐、脫
模。

─ 風味內餡 ─

紅藜乳酪餡

材料	份量	配方
奶油乳酪	218g	72.61%
糖粉	33g	10.89%
紅藜（煮熟）	50g	16.5%
合計	301g	100%

＊ 帶殼紅藜:水=1:1.5蒸熟。

作法

① 奶油乳酪、糖粉慢速攪拌
混合至糖融解。

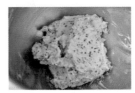

② 加入熟紅藜混合拌勻即
可。

作法

預備作業

1

吐司模型SN2151。

黑糖漿

2

將所有材料用中小火熬煮至濃稠狀態，700g食材熬煮濃縮至約350g即可（耗損比：食材總重／0.5）。

> **TIPS**
>
> 煮好多餘的黑糖漿放置常溫密封保存約1個月，使用前隔水加熱還原成液態即可。

液種麵團

3

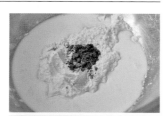

所有材料攪拌混合均勻（攪拌終溫28℃），室溫發酵2小時，冷藏發酵18-24小時。攪拌前放室溫回溫約90分鐘至16℃。

主麵團

4

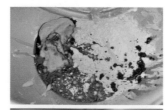

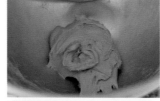

延展麵團確認狀態

將主麵團材料Ⓐ慢速攪拌混合，再加入液種麵團繼續攪拌至拾起階段，轉中速攪拌至光滑、麵筋形成。

5

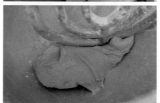

延展麵團確認狀態

再加入奶油中速攪拌至完全擴展（攪拌終溫27℃）。

基本發酵、壓平排氣

6

麵團整理至表面光滑並按壓至厚度平均，基本發酵約50分鐘，倒扣出麵團。

7

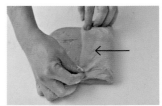

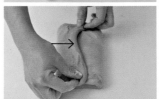

由左右側朝中間折疊，再由內側朝外折疊。

8

平整排氣，繼續發酵約30分鐘。

分割、中間發酵

9　麵團分割成250g，將麵團往底部確實收合滾圓，中間發酵約30分鐘。

整型、最後發酵

10

將麵團均勻輕拍，翻面，按壓開底部邊端，由前端外側朝中間捲起至底，收合捏緊接合處整型。

11

將麵團輕拍稍延展拉長，擀壓成片狀，翻面，稍按壓開底部邊端。

12

將麵團劃分成三區塊，各放上黑糖塊（12g）、核桃（5g），由前側朝內覆蓋餡料處捲起。

13

捲折3折至底收合。

14

收口朝下，放置模型中，最後發酵約90分鐘，表面塗刷全蛋液、斜劃3刀口。

烘烤、組合

15　放入烤箱以上火170℃／下火230℃，烤約15分鐘，轉向烤約8-10分鐘，出爐、脫模。

TOAST 5

新舊麵團混合的效力

法國老麵

從熟成的法國麵團中擷取部分20-30%的比例
（建議配方外割法的比例可加入10-70%；配方內割法的比例可加入10-40%），
與新麵團混合攪拌的製法，混合老麵團可促使新麵團快速發酵成熟，
縮短製作時間，也能提升麵團的延展和風味。
長時間發酵可使黏糊且柔軟的麵團熟成，
成製的麵包，帶有風味馥郁的獨特香氣與酸味。

F

葡萄菌液

材料	份量	配方
葡萄乾	122g	24.33%
礦泉水（28℃）	365g	73%
細砂糖	8g	1.46%
蜂蜜	6g	1.21%
合計	501g	100%

作法

1

礦泉水、細砂糖、蜂蜜攪拌
融解，加入葡萄乾混合拌
勻。

2

密封、蓋緊瓶蓋，放置室溫
（約28-30℃）靜置發酵。

3

每天輕搖晃瓶子先加以混合
（讓葡萄乾分布），再打開
瓶蓋（釋出瓶內的氣體），
接著再蓋緊放置室溫發酵，
重複操作約5-7天。

發酵過程狀態

4

發酵第1天。

5

第2天。

6

第3天。

7

第4~5天。

8

第6天。重複操作約5-7天
後，沉在瓶底的葡萄乾因吸
水膨脹都會往上浮起，會冒
出許多泡泡，並散發出水果
酒般的發酵香氣。

9

第7天。完成葡萄菌液！用網
篩濾壓葡萄乾，將葡萄菌液
濾取出即可使用。

TIPS

· 其餘密封好冷藏約可放1
個月；葡萄乾渣可放急速
冷凍存放備用。
· 葡萄菌液不必做成酵種就
能直接使用。

G

法國老麵

材料	份量	配方
鳥越法國麵包專用粉	300g	100%
麥芽精	1g	0.3%
低糖乾酵母	2g	0.6%
水	210g	70%
鹽	14g	2%
合計	527g	172.9%

作法

1

低糖酵母與水（約1:5）先攪拌均勻融解。

2

將酵母水與其他將所有材料（鹽除外）放入攪拌缸慢速攪拌混合。

3

攪拌混合均勻至拾起階段。

4

加入鹽攪拌混合均勻。

5

至成延展性良好的麵團（完成麵溫24℃）。

6

室溫發酵60分鐘，輕拍壓平排氣，翻麵整合麵團，再冷藏發酵（約5℃）約18-24小時。

7

發酵過程狀態。第1天。

8

發酵過程狀態。第2天。

TIPS

商業製作上若有生產法國麵包，可直接將當日剩餘的法國麵團冷藏冰箱保存，隔日作為老麵使用。

桑椹脆皮吐司
MULBERRY ENGLISH BREAD

10

由左右側朝中間折疊1/3。

11

再由內側朝外折疊。

12

平整排氣，繼續發酵約30分鐘。

TIPS

使麵團厚度均勻，發酵的程度就會較容易一致。

分割、中間發酵

13

麵團分割成500g，輕拍排出空氣。

14

將麵團對折、轉向再對折往底部確實收合滾圓，中間發酵約30分鐘。

整型、最後發酵

15

將麵團對折折疊收合於底，輕拍壓排出空氣，轉向縱放。

16

由內側朝中間折入1/3並以手指朝內側按壓。

17

再由外側朝中間折入1/3並以手指朝內側按壓，按壓接合口處。

18

再由內側朝外側對折，按壓收口確實黏合。

19

底部收合口確實呈密合狀

搓揉兩端輕滾動整成橄欖狀。

20

取法國老麵（100g）擀平，翻面，延展整成四方形。

21

將桑椹麵團收口朝上，放置法國麵皮中間處，從一側邊提拉包覆主麵團，再翻動使麵團完全包覆住。

22

捏緊收合於底，整型兩側邊。

23

收口朝下放入模型中，最後發酵約100分鐘（溫度32℃／濕度80%）至頂部高出模型約1cm。

24

篩灑上高筋麵粉，斜劃2刀紋。

烘烤、組合

25

（爐內不放層架，貼爐烘烤）放入烤箱，入爐後蒸氣少量1次，3分鐘後大量蒸氣1次，以上火180℃／下火260℃，烤約23分鐘，出爐、脫模。

預備作業

1

吐司模型SN2151。

隔夜種

2

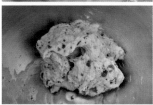

所有材料慢速攪拌至成團光滑（攪拌終溫28℃），室溫靜置約3小時，再冷藏發酵約16-24小時。

主麵團

3

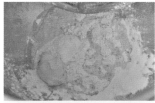

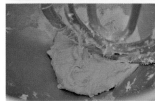

將法國老麵、主麵團材料Ⓐ慢速攪拌混合。

4

加入隔夜種麵團，繼續攪拌至拾起階段。

5

延展麵團確認狀態

轉中速攪拌至光滑、麵筋形成（約8分筋）。

6

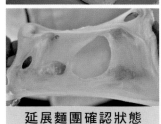

延展麵團確認狀態

再加入奶油慢速攪拌至完全擴展（攪拌終溫28℃）。

7

將麵團延展整成四方形，在一側處鋪放酒漬葡萄乾，再將另一側朝中間折入，對切成半、疊放中間，再對切、疊放中間，重複動作翻拌均勻，整理整合麵團。

TIPS

麵團粉重3kg以上者果乾直接慢速攪拌；若少於3kg少量者可用切拌的方式混合，較不會攪碎。

基本發酵、壓平排氣

8

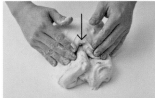

麵團整理至表面光滑圓球
狀,基本發酵約40分鐘,輕
取出麵團,由左右側朝中間
折疊,再由內側朝外折疊,
平整排氣,繼續發酵約30分
鐘。

分割、中間發酵

9

麵團分割成250g,將麵團往
底部確實收合滾圓,中間發
酵約30分鐘。

整型、最後發酵

10

將麵團沾少許手粉,對折折
疊收合於底,縱向放置,延
展拉長,擀壓成長片狀,翻
面,按壓延展開底部邊端。

11

鋪 放 上 酒 漬 葡 萄 乾 (約
40g),由前端外側朝中間捲
起至底,收合捏緊接合處。

12

表面噴上水霧,沾上白芝
麻,收合口朝下放置模型
中,最後發酵約70分鐘,表
面切劃上菱形紋。

烘烤、組合

13 放入烤箱,以上火180℃/下
火230℃,烤約15分鐘,轉向
再烤約8分鐘,出爐、脫模。

吐司好芒

MANGO BREAD

材料 （3條份量）

麥香水解種	份量	配方
日清哥雷特高筋麵粉	36g	10%
黃金麥粉	54g	15%
水	108g	30%
麥芽精	2g	0.3%

麵團		份量	配方
A	日清哥雷特高筋麵粉	380g	50%
	昭和霓虹吐司專用粉	108g	30%
	細砂糖	29g	8%
	鹽	7g	1.8%
	蛋	36g	10%
	動物性鮮奶油	36g	10%
	水	72g	20%
	低糖乾酵母	4g	1%
	法國老麵→P162	72g	20%
B	橄欖油	11g	3%
	無鹽奶油	29g	8%
合計		784g	217.1%

表面用（每條）

酒漬芒果乾→P175	40g×2個

配方展現的概念

＊ 以配方內割法將小麥粉、黃金麥粉先做熟成的發酵。

＊ 加入3％橄欖油可潤化麥粉裡麥麩的粗糙感。

基本工序

▼ **麥香水解種**
將所有材料攪拌混合，終溫32℃，
室溫浸泡16-24小時。

▼ **攪拌麵團**
將所有材料Ⓐ慢速攪拌至光滑，
加入材料Ⓑ中速攪拌，終溫26℃。

▼ **基本發酵**
40分鐘，壓平排氣、翻麵30分鐘。

▼ **分割**
麵團240g（120g×2個）。

▼ **中間發酵**
30分鐘。

▼ **整型**
麵團擀長鋪放上酒漬芒果乾（40g）捲起，
2個為組、對切，放入模型中。

▼ **最後發酵**
70分鐘。刷上蛋液。

▼ **烘烤**
15分鐘，（170℃／240℃），轉向，續烤10分鐘。

作法

預備作業

1

吐司模型SN2151。

麥香水解種

2

將所有材料攪拌混合（攪拌終溫32℃），室溫浸泡16-24小時。

攪拌麵團

3

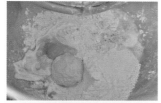

將法國老麵、麵團材料Ⓐ（麥香水解種除外）慢速攪拌混合。

4

再加入麥香水解種，繼續攪拌至拾起階段。

5

延展麵團確認狀態

轉中速攪拌至光滑、麵筋形成（約8分筋）。

6

延展麵團確認狀態

再加入奶油慢速攪拌至完全擴展（攪拌終溫26℃）。

基本發酵、翻麵排氣

7

麵團整理至表面光滑並按壓至厚度平均，基本發酵約40分鐘。

8

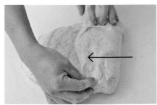

取出麵團，由左右側朝中間折疊，再由內側朝外折疊，平整排氣，繼續發酵約30分鐘。

分割、中間發酵

9　麵團分割成240g（120×2），再將麵團往底部確實收合整成橢圓狀，中間發酵約30分鐘。

整型、最後發酵

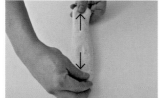

將麵團對折折疊收合於底，縱向放置，延展拉長，擀壓成長片狀，翻面，按壓延展開底部邊端。

11

平均鋪放上酒漬芒果乾（約40g）。由前端外側朝中間捲起至底成圓筒狀，收合捏緊接合處，對切成半。

12

以2個對切麵團為組，斷面朝上放置模型中，最後發酵約70分鐘，表面刷上蛋液。

TIPS

模型的左右兩側需預留0.3-0.5cm發酵空間，避免烤焙時麵因團膨脹擠壓造成表面撕裂。

烘烤、組合

13

放入烤箱，以上火170℃／下火240℃，烤約15分鐘，轉向，續烤約10分鐘，出爐、脫模，刷上鏡面果膠。

───── 風味用料 ─────
酒漬芒果乾

材料	份量	配方
台灣芒果乾	240g	80%
芒果酒（二林）	60g	20%
合計	300g	100%

作法

芒果果乾與二林芒果酒浸泡，每天在固定時間翻動，連續約3天後再使用。

七味枝豆

GREEN SOYBEAN BREAD

材料 （3條份量）

麵團		份量	配方
A	高筋麵粉	234g	60%
	CDC法國麵包專用粉	156g	40%
	麥芽精	2g	0.4%
	水	270g	69%
B	低糖乾酵母	2g	0.5%
	細砂糖	8g	2%
	鹽	8g	2%
	法國老麵→P162	78g	20%
C	無鹽奶油	8g	2%
合計		766g	195.9%

毛豆內餡（每條）

毛豆	100g
黑胡椒	3g

表面用

橄欖油
七味唐辛子

配方展現的概念

＊加入2％的砂糖、奶油可改善台灣潮濕氣候環境造成法式麵包表皮回軟口感過於強韌的狀況。

＊利用高筋麵粉的比例搭配增強組織嚼勁，表皮也不會太脆裂而有硬麵包皮刺舌的口腔疼痛感。

基本工序

▼ **攪拌麵團**
將高筋麵粉、法國粉、麥芽精、水慢速攪拌，停止攪拌，終溫16-18℃，
進行自我分解20分鐘，加入低糖乾酵母慢速攪拌，
加入法國老麵、細砂糖慢速攪拌，加入鹽快速攪拌至7分筋，加入材料 C 中速攪拌，終溫24℃。

▼ **基本發酵**
60分鐘，壓平排氣、翻麵30分鐘。

▼ **分割**
麵團240g。

▼ **中間發酵**
30分鐘。

▼ **整型**
輕拍成長形，底部1/3處擀薄，鋪上毛豆內餡，捲起，放入模型中。

▼ **最後發酵**
100分鐘（32℃／80％），至頂部高出模具約0.5cm。

▼ **烘烤**
入爐（180℃／260℃）蒸氣少量1次，
3分鐘後大量蒸氣1次，烤約22分鐘，塗刷醬汁，
灑上七味唐辛子。

作法

預備作業

1

吐司模型SN2151。

攪拌麵團

2

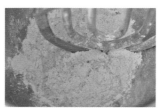

自我分解法（Autolyse）。
將麥芽精、水混合拌勻，加
入法國粉、高筋麵粉慢速攪
拌混合至無粉粒。

3

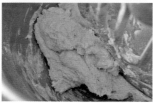

停止攪拌（攪拌終溫16-
18℃），進行自我分解20分
鐘，加入低糖乾酵母水（酵
母與水約1:5）慢速攪拌。

4

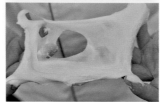

延展麵團確認狀態

轉中速攪拌至光滑、麵筋形
成（約7分筋）。

5

延展麵團確認狀態

加入法國老麵、鹽、細砂
糖、奶油快速攪拌攪拌至9分
筋（攪拌終溫24℃）。

6

整理收合麵團。

基本發酵、翻麵排氣

7

麵團整理至表面光滑圓球
狀，基本發酵約60分鐘，倒
扣出麵團，由左右側朝中間
折疊。

8

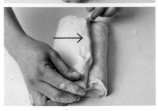

再由內側朝外折疊。

9

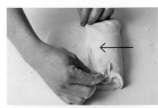

平整排氣，繼續發酵約30分
鐘。

TIPS

使麵團厚度均勻，發酵的程
度就會較容易一致。

分割、中間發酵

10

麵團分割成240g，將麵團對
折折疊往底部確實收合，中
間發酵約30分鐘。

整型、最後發酵

11

1/3底部擀平

將麵團均勻輕拍，翻面，在
底部1/3處擀壓平。

12

平均鋪放毛豆（約100g）、
灑上黑胡椒粉，由前側往
底部捲折收合於底，整型兩
端。

13

收合口朝下放置模型中，最
後發酵約100分鐘（溫度32℃
／濕度80%），至頂部高出
模型約0.5cm。

烘烤、組合

14 （爐內不放層架、貼爐烤）
放入烤箱，入爐後蒸氣少量1
次，3分鐘後大量蒸氣1次，
以上火180℃／下火260℃，
烤約22分鐘，出爐、脫模。

15

立即刷上醬汁，撒上日式七
味唐辛子即可。

── 風味用醬 ──

醬 汁

材料	份量	配方
無鹽奶油	80g	80%
醬油	17g	17%
白胡椒粉	3g	3%
合計	100g	100%

作法

將所有材料混合拌勻即可。

青醬法國佐山菜

PESTO SAUCE FRANCE BREAD

材料 （4條份量）

麵團		份量	配方
A	鳥越法國麵包專用粉	475g	95%
	裸麥粉（細挽）	25g	5%
	麥芽精	2g	0.3%
	水	315g	63%
B	低糖乾酵母	4g	0.7%
	青汁醬→P183	75g	15%
	法國老麵→P162	150g	30%
	鹽	10g	2%
合計		1056g	211%

內餡用（每條）

山蘇（汆燙過）	4片
鹹豬肉	6片
馬告細粒	少許

配方展現的概念

* 5％裸麥粉本身帶有的微酸風味，和馬告、山蘇有相輔相成的味道。

* 青汁醬可隨個人喜好調降，配方中15％為最高值，再高會影響其烤焙膨脹性。

基本工序

▼ **攪拌麵團**

將法國粉、裸麥粉、麥芽精、水慢速攪拌，終溫16-18℃，進行自我分解30分鐘，
加入低糖乾酵母攪拌，加入青汁醬拌勻，
加入法國老麵、鹽快速攪拌至9分筋，終溫24℃。

▼ **基本發酵**

60分鐘，壓平排氣、翻麵30分鐘。

▼ **分割**

麵團250g。

▼ **中間發酵**

30分鐘。

▼ **整型**

麵團輕拍成長片狀鋪放上內餡料捲起，放入模型中。

▼ **最後發酵**

90分鐘，噴水霧、撒上黑海鹽，劃十字刀口。

▼ **烘烤**

入爐（180℃／250℃）蒸氣少量1次，
3分鐘後大量蒸氣1次，烤約20分鐘。

預備作業

1

吐司模型SN2151。

攪拌麵團

2

麥芽精、水混合拌勻，加入法國粉、裸麥粉慢速攪拌混合至無粉粒。

3

停止攪拌，攪拌終溫16-18℃，進行自我分解30分鐘，加入低糖乾酵母慢速攪拌。

4

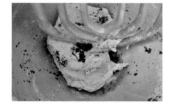

加入青汁醬混合攪拌至拾起階段。

5

延展麵團確認狀態

轉中速攪拌至光滑、麵筋形成（約7分筋）。

6

延展麵團確認狀態

再加入法國老麵、鹽快速攪拌攪拌至9分筋（攪拌終溫24℃）。

7

整理收合麵團成型。

基本發酵、翻麵排氣

8

麵團整理至表面光滑圓球狀，基本發酵約60分鐘，倒扣出麵團。

9

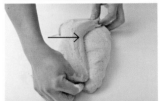

由左右側朝中間折疊，再由內側朝外折疊。

10

平整排氣，繼續發酵約30分鐘。

分割、中間發酵

11

麵團分割成250g，將麵團對折、轉向再對折，折疊往底部確實收合、滾圓，中間發酵約30分鐘。

整型、最後發酵

12

將麵團對折折疊收合、輕拍壓排出空氣，翻面。

13

轉向縱放，按壓開底部邊端。

14

在表面等距的鋪放山蘇（4片），相間處再擺放鹹豬肉（6片）、撒上馬告細粒，由前端反折按壓、捲起至底收合於底。

15

搓揉兩側按壓收口確實黏合，收合口朝下放置模型中。

16

最後發酵約90分鐘，噴水霧、撒上黑海岩，劃十字刀口。

烘烤、組合

17　（爐內不放層架）放入烤箱，入爐後蒸氣少量1次，3分鐘後大量蒸氣1次，以上火180℃／下火250℃，烤約20分鐘，出爐、脫模。

┌─ 風味用醬 ─┐

青汁醬

材料	配方
九層塔（莖＋葉）	70g
橄欖油	30g

作法

九層塔加入橄欖油攪拌打至均勻細碎即可。

作法

預備作業

1

吐司模型SN2151。

汆燙小卷

2　水加鹽、加少許白醋煮沸，
　　放入小卷汆燙過，待冷卻備
　　用。

攪拌麵團

3

延展麵團確認狀態

將材料Ⓐ慢速攪拌混合，
加入法國老麵，繼續攪拌至
拾起階段，轉中速攪拌至光
滑、麵筋形成。

4

延展麵團確認狀態

加入奶油、墨魚粉慢速攪
拌至完全擴展（攪拌終溫
24℃）。

5

整理收合麵團。

基本發酵、翻麵排氣

6

麵團整理至表面光滑圓球
狀，基本發酵約60分鐘，倒
扣出麵團，由左右側朝中間
折疊，再由內側朝外折疊，
平整排氣，繼續發酵約30分
鐘。

TIPS

使麵團厚度均勻，發酵的程
度就會較容易一致。

分割、中間發酵

7

麵團分割成260g，將麵團對折折疊往底部確實收合橢圓狀，中間發酵約30分鐘。

整型、最後發酵

8

將麵團均勻輕拍，排出空氣，翻面，延展成方片狀。

9

在前後兩側各擠上法式芥末籽醬（8g）、再放上縱切對半的小卷。

10

分別由兩側往中間折疊、壓合，再對折收合於底，整型成圓柱狀。

11

表面噴水霧、沾裹上切達起司絲（或帕瑪森起司絲）。

12

收口朝下，放置模型中，最後發酵約90分鐘，在表面斜劃2刀口。

烘烤、組合

13

（爐內不放層架、貼爐烤）放入烤箱，入爐後蒸氣少量1次，3分鐘後大量蒸氣1次，以上火180℃／下火240℃，烤約20分鐘，出爐、脫模。

作法

預備作業

1

吐司模型SN2052。

酒漬果乾

2

將果乾與酒、蜂蜜浸泡,每天在固定時間翻動,連續約3天後再使用。

攪拌麵團

3

將材料Ⓐ慢速攪拌混合,加入法國老麵,繼續攪拌至拾起階段。

4

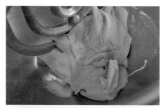

延展麵團確認狀態

轉中速攪拌至光滑、麵筋形成(約7分筋)。

5

延展麵團確認狀態

加入奶油慢速攪拌至完全擴展(攪拌終溫24℃)。

6

拉彈延展開具彈力

不會呈垂下或有斷裂的情況。

基本發酵、翻麵排氣

7 麵團整理至表面光滑圓球狀,基本發酵約60分鐘,輕拍壓排出氣體,做3折2次翻麵,繼續發酵約30分鐘。

分割、中間發酵

8

麵團分割成500g,麵團輕拍排出空氣,對折折疊收合,轉向再對折折疊。

9

往底部確實收合滾圓、滾圓,中間發酵約30分鐘。

整型、最後發酵

10

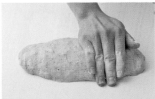

將麵團對折折疊收合、輕拍壓排出空氣，翻面，轉向縱放，按壓開底部邊端。

11

在中間處鋪放上酒漬草莓乾（30g）、酒漬水果乾（70g），由前後兩側往中間折疊1/2。

12

在第二層中間處再鋪放酒漬草莓乾、酒漬水果乾（各約10g），由底部往前側翻折、按壓收合於底。

13

搓揉兩側按壓收口確實黏合，收合口朝下放置模型中，最後發酵約50分鐘。

14

放上麥穗圖紋、篩上高筋麵粉，並在側邊處切割刀口。

烘烤、組合

15

（爐內不放層架、貼爐烤）放入烤箱，入爐後蒸氣少量1次，3分鐘後大量蒸氣1次，以上火180℃／下火260℃，烤約22分鐘，出爐、脫模。

TIPS

烘烤中途、表面開始上色後，將模型調整位置再烘烤，避免烤不均勻。

焦 糖 丹 麥 千 層

CARAMEL DANISH

材料 （12個份量）

麵團		份量	配方
A	奧本惠法國粉	511g	70%
	高筋麵粉	219g	30%
	細砂糖	73g	10%
	鹽	13g	1.8%
	奶粉	22g	3%
	蛋	110g	15%
	動物性鮮奶油	73g	10%
	新鮮酵母	29g	4%
	水	219g	30%
B	無鹽奶油	59g	8%
合計		1328g	181.8%
丹麥老麵			18%

折疊裹入（每片）

片狀奶油160g
退冰至2-5℃，擀成17×13cm

表面淋醬

焦糖醬→P25
開心果碎、糖粉、糖片

配方展現的概念

＊ 奧本惠法國麵包專用粉的風味性佳，適合用來作為
丹麥基底，也可使用其他法國麵包專用粉來製作。

＊ 加入奶粉、鮮奶油，為提引出乳香風味並使其更為
濃郁，同時也能形成明顯的烘烤色澤。

＊ 配方的設計適用於機器擀壓或手擀製作；若作為商
業大量生產使用，可將此配方增至3倍使用。

＊ 商業使用時配方可加入丹麥老麵最高18%使用；丹
麥老麵本身因長時間低溫發酵，麵團和裹入的油質
會充分熟成可增加麵團風味。

基本工序

▼ **攪拌麵團**
所有材料慢速攪拌（奶油必須軟化狀）至拾起階段，
轉中速攪拌至7分筋，終溫26℃。

▼ **基本發酵**
分割成640g，30分鐘。

▼ **冷藏鬆弛**
壓平排氣20×16cm平整，鬆弛16-24小時（5℃）。

▼ **折疊作業**
麵團包油160g。
折疊，4折2次，每次折疊後冷凍鬆弛30分。

▼ **分割、整型**
延壓整型，去除四邊（0.5-1cm），
切成7×7cm（115-120g），冷凍鬆弛16-72小時，放
入模型。

▼ **最後發酵**
解凍回溫30分，最後發酵120分（發酵箱28℃，
75%），帶蓋。

▼ **烘烤**
烤25-30分（210℃／200℃），待冷卻，對側角交叉
擠上焦糖醬，沾裹開心果碎、撒上糖粉，用糖片裝
飾。

作法

預備作業

1

吐司模型SN2180。

攪拌麵團

2

將其他所有材料Ⓐ（麵粉除外）混合拌勻；奶油放置室溫回軟狀態。

3

延展麵團確認狀態

將麵粉、其他混合材料、奶油（奶油室溫回軟）慢速攪拌混合均勻至拾起階段。

4

轉中速攪拌至光滑、麵筋形成（約7分筋）（攪拌終溫26℃）。

基本發酵

5

取麵團（640g）整理至表面光滑並按壓至厚度平均，基本發酵約30分鐘。

冷藏鬆弛

6

輕拍壓排出氣體20×16cm、按壓平整，放置塑膠袋中，排出袋中空氣，讓塑膠袋與麵團緊密貼合、包覆，冷藏（5℃）鬆弛約16-24小時。

折疊裹入／包裹入油

7

片狀奶油擀壓裁成17×13 cm（160g），從冷藏冰箱取出（2-5℃），擀壓平整至軟硬與麵團相同的片狀

8

將冷藏鬆弛的麵團20×16cm稍壓平後，延壓平成長方片狀28×16cm。

9

兩側切割切痕

將片狀奶油擺放麵團中間（左右麵團長度相同），用刀在片狀奶油的兩側邊稍切割出切痕。

10

兩側稍拉開

將左右側麵團稍延展拉開
（稍拉開）再朝中間折疊，
覆蓋住片狀奶油。

11

由上下按壓平整

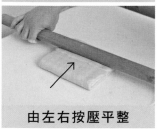

由左右按壓平整

用擀麵棍在麵團表面，由上
下按壓平整，再由左右按壓
平整，讓麵團與片狀奶油緊
密貼合、油脂分布平均。

12

以壓麵機延壓平整至成寬
約17cm，轉向延壓長至成
63cm。

折疊裹入／4折1次

13

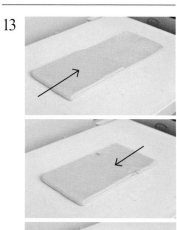

4折1次

將一側2/3向內折疊，再將另
一側1/3向內折疊，再對折、
折疊成4折。

14

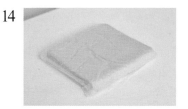

稍延壓平擀壓成17×18cm，
使麵團與片狀奶油緊密貼
合，包覆塑膠袋，冷凍鬆弛
約30分鐘。

折疊裹入／4折2次

15

將冷凍鬆弛的麵團17×
18cm，稍延壓平整至18×
18cm轉向，延壓至57×
18cm。

12

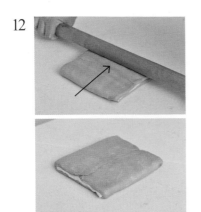

由左右按壓平整

再由左右按壓平整，讓麵團與片狀奶油緊密貼合、油脂分布平均。

13

以壓麵機延壓平整至成寬約17cm，轉向延壓長至成63cm。

折疊裹入／3折1次

14

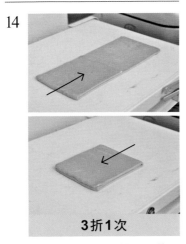

3折1次

將一側1/3向內折疊，再將另一側1/3向內折疊，折疊成3折。

15

稍延壓平擀壓成20×17cm，使麵團與片狀奶油緊密貼合，包覆塑膠袋，冷凍鬆弛約30分鐘。

折疊裹入／3折2次

16

將冷凍鬆的麵團20×17cm，稍延壓平整至50×18cm。

17

將一側1/3向內折疊。

18

3折2次

再將另一側1/3向內折疊，折疊成3折18×15cm。

19

稍延壓平擀壓成18×16cm，使麵團與片狀奶油緊密貼合，包覆塑膠袋，冷凍鬆弛約30分鐘。

折疊裹入／2折1次

20

將麵團18×16cm放置撒有高筋麵粉的檯面，稍延壓平整至29×20cm，包覆塑膠袋，冷凍鬆弛約30分鐘。

21

2折1次

將麵團對切成二29×10cm，
表面平均鋪放上酒漬水果乾
（70g）、熟紅藜（30g），
再將另一片層疊覆蓋。

22

再轉向延壓平整33×12cm，
包覆塑膠袋，冷凍鬆弛約
30分鐘（除了延展的作用之
外，也可將果乾更緊密壓入
麵團中）。

分割、整型、最後發酵

23

將麵團對半分切33×6cm。

24

疊成4層

再層疊起成4層，以6.4cm為
單位分切成5等份，包覆塑膠
袋冷凍約16-72小時。

25

底層麵皮。取法國老麵
（50g）擀成長片狀，翻面，
鋪放入模型中，整齊斜放入
5等份方片，放置室溫30分
鐘，待解凍回溫，最後發酵
約120分鐘（溫度28℃，濕度
75%），表面刷上蛋液。

烘烤、組合

26

放入烤箱，以上火180℃／下
火230℃，烤約25-27分鐘，
出爐、脫模，待冷卻，表面
撒上裝飾酥粒（P25），篩灑
上糖粉，用開心果碎點綴即
可。

───── 風味用料 ─────

酒漬水果乾

材料	份量	配方
蔓越莓	60g	20%
葡萄乾	96g	32%
杏桃乾	96g	32%
蘭姆酒	48g	16%
合計	300g	100%

作法

將所有材料混合攪拌浸漬，
每天翻拌，約3天後使用。

黑爵竹炭甜吉燒

SWEET POTATO DANISH

配方展現的概念

＊ 商業使用時配方可加入丹麥老麵最高18%使用；丹麥老麵本身因長時間低溫發酵，麵團和裹入的油質會充分熟成可增加麵團風味。

＊ 用色彩對比強烈的蜜漬地瓜丁放在頂部，淋上與地瓜相當對味的焦糖醬，營造出強烈視覺效果外，香甜不膩的地瓜丁，非常適合搭配濃郁的地瓜奶油餡。

材料 （4條份量）

麵團		份量	配方
A	奧本惠法國粉	399g	70%
	高筋麵粉	171g	30%
	細砂糖	57g	10%
	鹽	10g	1.8%
	奶粉	17g	3%
	竹炭粉	9g	1.5%
	蛋	86g	15%
	動物性鮮奶油	57g	10%
	新鮮酵母	23g	4%
	水	171g	30%
B	無鹽奶油	46g	8%
合計		1046g	183.3%
丹麥老麵			18%

折疊裹入 （每片）

片狀奶油125g
退冰至2-5℃，擀成17×13cm

表面用 （每條）

地瓜奶油餡→P221	80g
蜜漬地瓜丁	
焦糖醬→P25	

基本工序

▼ **攪拌麵團**
所有材料慢速攪拌（奶油必須軟化狀），中速攪拌至7分筋，終溫26℃。

▼ **基本發酵**
分割成500g，30分鐘。

▼ **冷藏鬆弛**
壓平排氣18×14cm，鬆弛16-24小時（5℃）。

▼ **折疊裹入**
麵團包油125g。
折疊，4折2次，每次折疊後冷凍鬆弛30分。

▼ **分割、整型**
延壓整型，去除四邊0.5，
對切，切成14×11cm（290-295g），冷凍鬆弛16-72小時，放置模型。

▼ **最後發酵**
解凍回溫30分，120分（發酵箱28℃，75％），
放入模型，用圓管在壓住麵團中間。

▼ **烘烤**
烤23-25分（180℃／220℃），取出圓管，
擠入地瓜奶油餡，鋪放蜜漬地瓜丁。

作法

預備作業

1

吐司模型SN2151。

攪拌麵團

2

將所有材料慢速攪拌混合均勻至拾起階段。

3

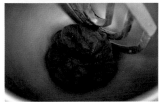

延展麵團確認狀態

轉中速攪拌至光滑、麵筋形成（約7分筋）（攪拌終溫26℃）。

基本發酵

4　取麵團（500g）整理至表面光滑並按壓至厚度平均，基本發酵約30分鐘。

冷藏鬆弛

5

輕拍壓排出氣體18×14cm、按壓平整，放置塑膠袋中，排出袋中空氣，讓塑膠袋與麵團緊密貼合、包覆，冷藏（5℃）鬆弛約16-24小時。

折疊裹入／包裹入油

6

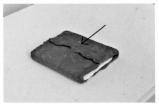

片狀奶油擀壓裁成17×13 cm（125g），退冰回溫室（2-5℃），擀壓平整至軟硬與麵團相同的片狀。

7

將冷藏鬆弛的麵團18×14cm稍壓後，延壓平成長方片狀28×16cm。

8

兩側切割切痕

將片狀奶油擺放麵團中間（左右麵團長度相同），用刀在片狀奶油的兩側邊稍切割出切痕。

9

將左右側麵團稍延展拉開，再朝中間折疊，覆蓋住片狀奶油。

10

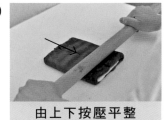

由上下按壓平整

用擀麵棍在麵團表面，由上下按壓平整。

11

由左右按壓平整

再由左右按壓平整，讓麵團
與片狀奶油緊密貼合、油脂
分布平均。

12

以壓麵機延壓平整至成寬
約17cm，轉向延壓長至成
63cm。

折疊裹入／4折1次

13

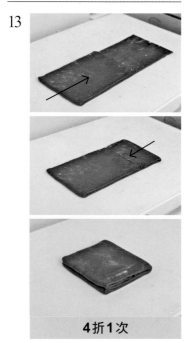

4折1次

將一側2/3向內折疊，再將另
一側1/3向內折疊，再對折、
折疊成4折17×16cm。

14

稍延壓平擀壓成17×17cm，
使麵團與片狀奶油緊密貼
合，包覆塑膠袋，冷凍鬆弛
約30分鐘。

折疊裹入／4折2次

15

將冷凍鬆的麵團17×17cm，
稍延壓平整至18×17cm。

16

轉向，延至60×17cm。

17

4折2次

將一側2/3向內折疊，再將另
一側1/3向內折疊，再對折、
折疊成4折17×14cm。

18

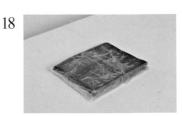

稍延壓平擀壓成17×15cm，
使麵團與片狀奶油緊密貼
合，包覆塑膠袋，冷凍鬆弛
約30分鐘。

分割、整型、最後發酵

19

將麵團放置撒有高筋麵粉的
檯面。

20

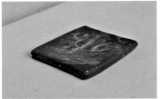

延壓平整、展開先就寬度延壓至15cm，轉向延壓長度約23cm，包覆塑膠袋，冷凍鬆弛約30分鐘。

21

四邊裁切0.5cm

將麵團的四邊各裁切除0.5cm至可見層次面，再對半分切，量測標記11×14cm分切成片（約290-295g），包覆塑膠袋冷凍約16-72小時。

22

鋪放入模型中，中間處壓放上鋁合圓管。

23

放置室溫30分鐘，待解凍回溫，最後發酵約120分鐘（溫度28℃，濕度75%）。

烘烤、組合

24

放入烤箱，以上火200℃／下火220℃，烤約25-27分鐘，出爐、脫模。

25

在中間凹槽內擠入地瓜奶油餡（約80g）、放上蜜漬地瓜丁，薄刷鏡面果膠，擠上焦糖醬即可。

風味內餡

地瓜餡

材料	份量	配方
紅地瓜	177g	88.24%
細砂糖	6g	2.94%
無鹽奶油	18g	8.82%
合計	201g	100%

作法

將地瓜去皮蒸熟趁熱加入細砂糖、奶油攪拌均勻至無顆粒即可

地瓜奶油餡

材料	份量	配方
地瓜餡	133g	66.6%
麵包專用抹醬	67g	33.4%
合計	200g	100%

作法

將常溫鮮奶油打至濕性發泡，加入地瓜餡混合拌勻即成地瓜奶油餡。

預備作業

1

吐司模型SN2151。

製作麵團

2

麵團製作參見P204，作法2-6的製作方式，攪拌，取麵團（500g）整理至表面光滑並按壓至厚度平均，基本發酵，輕拍排出氣體（18×14cm）、按壓平整，冷藏鬆弛，完成麵團的製作。

折疊裹入／包裹入油

3

包裹入油製作參見P204，作法7-12的折疊方式，將片狀奶油包裹入麵團中。用壓麵機延壓平整至成寬約17cm，轉向延壓長至成63cm。

折疊裹入／4折1次

4

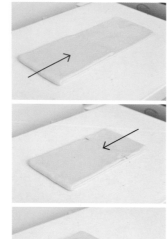

4折1次

將一側2/3向內折疊，再將另一側1/3向內折疊，再對折、折疊成4折17×16cm。

5

稍延壓平擀壓成17×17cm，使麵團與片狀奶油緊密貼合，包覆塑膠袋，冷凍鬆弛約30分鐘。

折疊裹入－4折2次

6

將冷凍鬆的麵團17×17cm。

7

稍延壓平整至18×18cm，轉向，延至60×17cm。

8

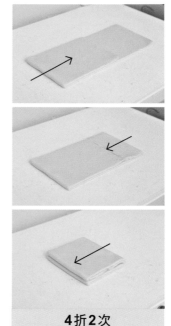

4折2次

將一側2/3向內折疊，再將另一側1/3向內折疊，再對折、折疊成4折17×14cm。

9

稍延壓平擀壓成17×15cm，使麵團與片狀奶油緊密貼合，包覆塑膠袋，冷凍鬆弛約30分鐘。

分割、整型、最後發酵

10

將麵團放置撒有高筋麵粉的檯面，延壓平整、展開先就寬度延壓至18cm，轉向延壓長度約68cm。

11

延壓平整完成、對折，包覆塑膠袋，冷凍鬆弛30分鐘。

12

將對折麵團的開口端處量測出底邊7cm，裁切成長片，做為底部麵團（片重約60-65g）。

13

鋪放入模型中。

14

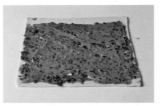

將裁切剩餘的麵團，對切成半（約240g），再由18cm處延壓至成24cm，均勻抹上紅豆卡士達餡（約120g）。

15

由長側前端往部底捲折至底成圓筒狀，收口於底。

16

包覆冷凍約30分鐘，分切成6等份，包覆塑膠袋冷凍約16-72小時。

17

將分切圓片，以兩兩呈斜角對稱的方式，排放入已鋪好底部麵片的模型中。

18

放置室溫30分鐘，待解凍回溫，最後發酵約120分鐘（溫度28℃，濕度75%）。

烘烤、組合

19 放入烤箱，以上火200℃／下火220℃，烤約25分鐘，出爐、脫模。

──── 風味內餡 ────

紅豆卡士達餡

材料	份量	配方
紅豆餡	313g	62.5%
卡士達餡	187g	37.5%
合計	500g	100%

作法

將紅豆餡與卡士達餡（P24）混合拌勻即可。

抹茶赤豆雲石

MATCHA MARBLE BREAD

材料 （4條份量）

麵團		份量	配方
A	高筋麵粉	486g	90%
	低筋麵粉	54g	10%
	細砂糖	87g	16%
	鹽	7g	1.3%
	奶粉	16g	3%
	蛋	81g	15%
	動物性鮮奶油	27g	5%
	高糖乾酵母	6g	1.2%
	水	205g	38%
B	無鹽奶油	81g	15%
合計		1050g	194.5%

折疊裹入（每片）

抹茶大理石片→P201	150g
蜜紅豆粒	170g

配方展現的概念

* 利用紅豆粒與抹茶大理石形成美麗的紋埋重點，就
在於折疊入紅豆粒與四瓣編結的工序中。

* 抹茶大理石與蜂蜜糖水的味道相襯，表面塗刷糖水
可提升風味外，同時也有保濕、提亮的效果；另外
也可篩上抹茶糖粉來裝點。

基本工序

▼ **攪拌麵團**
材料Ⓐ慢速攪拌，中速攪拌至7分筋，
加入奶油中速攪拌至完全擴展，終溫26℃。

▼ **基本發酵**
分割成500g，30分鐘。

▼ **冷藏鬆弛**
壓平排氣20×15cm，鬆弛16-24小時（5℃）。

▼ **折疊裹入**
麵團包裹抹茶大理石片，折疊延壓至60×15cm，
4折1次。切除去邊，鋪放蜜紅豆粒，兩側折疊1/4，
鋪放蜜紅豆粒，對折，折疊後冷凍鬆弛30分。
延壓成16×18cm，冷凍鬆弛30分鐘。

▼ **分割、整型**
延壓成21×26cm，分切3等份，每片縱切3刀，
編結4瓣（270g），放入模型。

▼ **最後發酵**
90分鐘。刷蛋液。

▼ **烘烤**
烤25-27分（180℃／220℃），
薄刷蜂蜜糖水，待冷卻。

作法

預備作業

1

吐司模型SN2151。

攪拌麵團

2

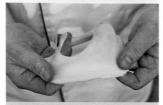

高糖乾酵母與水（約1：5）
先混合拌融。其他所有材料
Ⓐ（麵粉除外）混合拌勻。

3

將麵粉、其他混合材料Ⓐ慢
速攪拌均勻至拾起階段。

4

延展麵團確認狀態

轉中速攪拌至光滑、麵筋形
成（約7分筋）。

5

延展麵團確認狀態

加入奶油慢速攪拌至完全擴
展（攪拌終溫26℃）。

基本發酵、壓平排氣

6

取麵團（500g）整理緊實圓
滑，基本發酵約30分鐘。

冷藏鬆弛

7

輕拍壓排出氣體，按壓平整
20×15cm，放置塑膠袋中，
排出袋中空氣，讓塑膠袋與
麵團緊密貼合、包覆，冷藏
（5℃）鬆弛約16-24小時。

折疊裹入／包裹大理石片

8

抹茶大理石片15×11cm
（150g）。將冷藏鬆弛
的麵團稍壓平後，延壓平
16×22cm，寬度與大理石片
相同，長度約為大理石片2
倍。

228

9

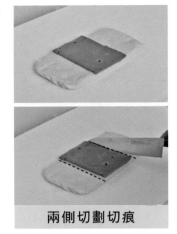

兩側切劃切痕

將抹茶大理石片擺放麵團中間（左右麵團長度相同），用刀在大理石片的兩側邊稍切劃出切痕。

10

稍拉開

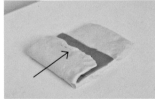

將左右側麵團稍延展拉開，再朝中間折疊，覆蓋住大理石片。

11

捏緊密合、完全包覆

將上下兩側的開口處捏緊密合，完全包覆，避免大理石片外溢。

12

以壓麵機延壓平整至成寬約15cm，轉向延壓至成60cm。

折疊裹入／4折1次

13

切除兩側邊，平均鋪放上蜜紅豆粒（約130g）。

14

將一側1/4向內折疊,再將另一側1/4向內折疊。

15

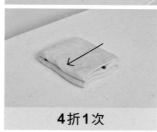

4折1次

在一側的1/2處鋪放上蜜紅豆粒(約40g),再對折、折疊成4折。

16

稍延壓平擀壓成16×18cm,使麵團與大理石片緊密貼合,包覆塑膠袋,冷凍鬆弛約30分鐘。

分割、整型、最後發酵

17

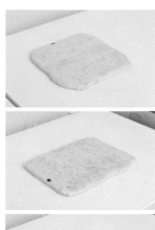

將麵團延壓平整、展開先就寬度延壓至21cm,轉向延壓長度約26cm,延壓平整完成,包覆塑膠袋,冷凍鬆弛約30分鐘。

18

將大理石麵團量測標記出26×7cm,裁切成3等份。

19

再將每片由前端往下縱切3刀至底分切成4條(頂端預留,不切斷)(重約270g)。

TIPS

四股辮整型法的口訣:依位置次序,2跨3、4跨2、1跨3依序重複操作。

20

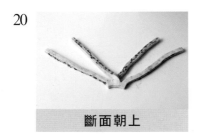

斷面朝上

將麵團平放，將2跨3編結。

21

平放

將4跨2編結。

22

平放

將1跨3編結。

23

斷面朝上

將2跨3編結。

24

平放

將4跨2編結。

25

平放

將1跨3編結。

26

斷面朝上

將2跨3編結。

27

平放

將4跨2編結。

28

平放

將1跨3編結。

29

依序交錯編結至底，收口按壓密合。

30

頭尾按壓密合，翻面，使單條斷面紋路朝上。

31

以斷面切口朝上，收口朝下，放入模型中，放入發酵箱，最後發酵約90分鐘。

32

表面薄刷蛋液。

烘烤、組合

33 放入烤箱，以上火170℃／下火230℃，烤約25-27分鐘，出爐、脫模，薄刷蜂蜜糖水，待冷卻。

TIPS

蜂蜜糖水
以水77g（38.46%）、細砂糖100g（50%）、蜂蜜23g（11.54%）的配方比例。將水、細砂糖加熱煮至融化，待冷卻加入蜂蜜混合拌勻即可。

國家圖書館出版品預行編目（CIP）資料

李宜融 頂尖風味吐司麵包全書 / 李宜融著 . -- 初版 . -- 臺
北市：原水文化出版：家庭傳媒城邦分公司發行，2020.08
　面； 公分 . --（烘焙職人系列；3）

ISBN 978-986-99073-7-8（平裝）

1. 點心食譜　2. 麵包

427.16　　　　　　　　　　　　　　109010680

烘焙職人系列 **003**

李宜融 頂尖風味吐司麵包全書

作　　　　者／李宜融
特 約 主 編／蘇雅一
責 任 編 輯／潘玉女

行 銷 經 理／王維君
業 務 經 理／羅越華
總　編　輯／林小鈴
發　行　人／何飛鵬
出　　　版／原水文化
　　　　　　台北市民生東路二段 141 號 8 樓
　　　　　　電話：02-25007008　　傳真：02-25027676
　　　　　　E-mail：H2O@cite.com.tw　　Blog：http:citeh2o.pixnet.net/blog/
　　　　　　FB 粉絲專頁：https://www.facebook.com/citeh2o/
發　　　行／英屬蓋曼群島商家庭傳媒股份有限公司城邦分公司
　　　　　　台北市中山區民生東路二段 141 號 11 樓
　　　　　　書虫客服服務專線：02-25007718・02-25007719
　　　　　　24 小時傳真服務：02-25001990・02-25001991
　　　　　　服務時間：週一至週五 09:30-12:00・13:30-17:00
　　　　　　讀者服務信箱 email：service@readingclub.com.tw
劃 撥 帳 號／19863813　　戶名：書虫股份有限公司
香 港 發 行 所／城邦（香港）出版集團有限公司
　　　　　　地址：香港灣仔駱克道 193 號東超商業中心 1 樓
　　　　　　Email：hkcite@biznetvigator.com
　　　　　　電話：(852)25086231　　傳真：(852) 25789337
馬 新 發 行 所／城邦（馬新）出版集團
　　　　　　41, Jalan Radin Anum, Bandar Baru Sri Petaling,
　　　　　　57000 Kuala Lumpur, Malaysia.
　　　　　　電話：(603) 90578822　　傳真：(603) 90576622
　　　　　　電郵：cite@cite.com.my

美 術 設 計／陳育彤
攝　　　影／周禎和
製　　　版／台欣彩色印刷製版股份有限公司
印　　　刷／卡樂彩色製版印刷有限公司

初　　　版／2020 年 8 月 6 日
初 版 **3 . 1 刷**／2022 年 5 月 16 日
定　　　價／600 元

ISBN　978-986-99073-7-8

城邦讀書花園
www.cite.com.tw